配电线路施工

丁万霞　主　编

薛博文　副主编

张刚毅　主　审

中国铁道出版社

2013年·北京

内 容 简 介

本书是按照基于工作过程的课程体系和六步教学法编写的,其主要内容包括:低压配电线路施工、中压配电线路施工和高压架空配电线路施工 3 个学习情境,每个学习情境又分为基础施工、杆塔组立、拉线安装、导线架设和电力电缆线路敷设 5 个学习子情境,书末附有 6 个附表,供学生在各情境学习时使用。

本书可作为供用电技术、铁道电气化技术专业的专业核心课程用书,也可作为企业工程技术人员和技术工人的培训用书。

图书在版编目(CIP)数据

配电线路施工/丁万霞主编. —北京:中国铁道
出版社,2013.4
ISBN 978-7-113-15785-2

Ⅰ.①配… Ⅱ.①丁… Ⅲ.①配电线路－工程施工－
高等职业教育－教材 Ⅳ.①TM726

中国版本图书馆 CIP 数据核字(2013)第 006347 号

书　　名:	**配电线路施工**	
作　　者:	丁万霞　主编	

策　　划:	阚济存		
责任编辑:	阚济存　吕继函	编辑部电话:010-51873133	电子信箱:td51873133@163.com
封面设计:	冯龙彬		
责任校对:	孙　玫		
责任印制:	李　佳		

出版发行:	中国铁道出版社 (100054,北京市西城区右安门西街 8 号)
网　　址:	http://www.51eds.com
印　　刷:	北京鑫正大印刷有限公司
版　　次:	2013 年 4 月第 1 版　2013 年 4 月第 1 次印刷
开　　本:	787 mm×1 092 mm　1/16　印张:10.75　字数:271 千
印　　数:	1～3 000 册
书　　号:	ISBN 978-7-113-15785-2
定　　价:	24.00 元

　　为适应我国高职学生的特点,提高教学的针对性和实效性,最大化开发学生的潜能,提高学生的综合素质,使学生具有良好的职业素质和熟练的操作技能,以能快速适应岗位需求,同时为学生的可持续发展打下良好的基础。按照基于工作过程的课程体系和六步教学法编写了此教学用书。本书采用引导教学法,旨在锻炼学生的方法能力、职业能力和社会能力,促使学生成为学习的主体。

　　配电线路施工是供用电技术、电气化铁道技术专业的专业核心课程,是学生获得行业职业资格证书的必修课程,对学生职业能力的培养和职业素质的养成起主要支撑作用。本书的主要特色表现在以下几个方面:

　　1. 本书集编者多年的高职教育经验和企业实践经验,依据电力行业配电线路施工的工作过程,经过大量的现场调研、分析,在众多真实的工作任务中归纳总结出典型的工作任务,并以此作为学习情境,按由简单到复杂的教育认知规律和由单一到综合的职业成长规律精心编排,并将行业新规范、新工艺、新标准和新的教学方法融入其中,使教材更具针对性和实用性。

　　2. 本书以教学任务为驱动,引导文为导向,图文并茂的相关知识为支撑,小组讨论、教师引导为保障。引导文按六步教学法从咨询、计划、决策、实施、检查到评价,引导学生学会学习,学会思考,学会独立,学会操作,学会协作,学会组织管理,为快速适应岗位需求和将来的持续发展做足准备。

　　3. 本书既是学生的"私人教练",也是教师的"得力助手",还可为企业岗位培训"出谋划策"。

　　本书的学习情境设计如下表:

学习情境 学习子情境	1	2	3
	低压配电线路施工	中压配电线路施工	高压配电线路施工
1	电杆普通基础施工	电杆预制混凝土基础施工	金属杆现浇混凝土基础施工
2	普通电杆组立	分段电杆组立	钢管杆组立
3	普通拉线安装	带绝缘子拉线安装	水平拉线安装
4	绝缘导线架设	人工架设导线	机械架设导线
5	电力电缆直埋敷设	电力电缆穿管敷设	电力电缆隧道敷设

　　从低到高压，从基础到架线，选择的都是最具代表性的典型工作任务，其间还融入了：登杆、拉线制作、导线连接、导线在绝缘子上固定等关键技能的训练，由简单到复杂，不断强化、层层递进。既不会让学生觉得高深，又具有挑战性；既能训练学生的职业能力，又能训练学生的方法能力和社会能力。

　　本教材由西安铁路职业技术学院丁万霞主编，张刚毅主审。具体编写分工为：丁万霞编写学习情境1、2、3中的学习子情境1、2、3、4，即架空配电线路施工部分；西安铁路职业技术学院薛博文编写学习情境1、2、3中的学习子情境5，即电力电缆线路施工部分。本书的编写过程中得到了西安铁路局西安供电段和安康供电段、咸阳供电局、铜川供电局及西安铁路职业技术学院王旭波、朱申老师等的大力帮助与支持，在此一并表示感谢！

　　由于新技术总在不断发展，加之编者时间仓促，水平有限，书中难免有不妥之处，恳请专家和读者提出宝贵意见和建议，在此多谢。

编者

2013 年 1 月

CONTENTS .... 目　录

学习情境 1 低压配电线路施工

学习子情境 1 电杆普通基础施工

学习情境描述

在配电线路演练场为 8 m 高的混凝土拔梢杆打基础,该基础位于两终端杆之间,属于直线中间电杆的普通基础。要求基坑位置准确,基坑尺寸符合标准,操作规范。

学习目标

1. 了解基础的作用。
2. 会搜集基础施工方面的资料,会进行基坑划线定位。
3. 能编制出最佳(省力、省时、施工误差小)的施工工序,能举一反三。
4. 掌握普通电杆基础施工的操作技巧。
5. 养成安全、规范的操作习惯和良好的沟通习惯。
6. 训练应变能力和解决问题的能力。

学习引导

快速完成任务流程:

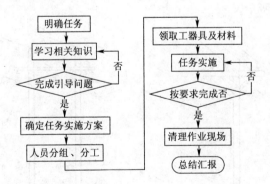

1 相关知识

1.1 配电线路概述

1.1.1 配电线路的概念

从降压变电站把电能送至电力用户的线路称为配电线路,在电力系统中担负着分配电能的任务。

1.1.2 配电线路的基本要求

电能生产最基本的特点就是电能不能大规模地储存,电能的生产、输送、分配、使用几乎是

同时进行的,而配电是电能生产的最后环节,配电系统的结构和运行状态直接影响电能的质量,因此,对配电线路提出如下基本要求:

(1)供电可靠。要保证对用户进行可靠地、不间断地供电,就要保证线路架设的质量,并加强维护检修,防止发生事故。

(2)电压质量。电压质量包括:电压偏差、电压波动(电压闪变)和不对称度(不平衡度)。电压质量的好坏直接影响着用电设备的安全和经济运行。电压过低不仅使电动机的出力和效率降低,照明达不到照度要求,且常常造成电动机过热甚至烧毁。《全国供用电规则》规定:供电电压 10 kV 及以下高压供电和低压用户的电压波动范围为 ±7%;低压照明用户为 +5%、-10%,仅就电力线路本身的电压损耗而言,高压配电线路为 +5%,低压配电线路为 +4%。

(3)经济供电。在送电过程中,要求最大限度地减少线路损耗,提高送电效率、降低送电成本,节省维修费用。

1.1.3　配电线路的分类

配电线路按额定电压等级可分为低压(0.4 kV)配电线路、中压(3~10 kV)配电线路和高压(35~110 kV)配电线路。

配电线路按结构可分为架空线路和电力电缆线路。架空线路的优点是:结构简单,工程造价低,施工方便,容易发现故障,便于维修,以及可多回路共杆架设;缺点是:易受外力破坏及遭受自然灾害,有碍城市美观,断线时会危及人身安全及近距离时对架空通信等弱电线路有干扰。电力电缆线路的优点是:不占用地上空间,对市容环境影响较小,受外界因素的影响小,供电可靠性高,维护工作的量少,电缆电容较大,可改善线路功率因数,电击可能性小,安全;缺点是:投资费用大,引出分支线路比较困难,故障测寻比较困难,电缆头制作工艺要求高。

1.1.4　架空配电线路的基本结构

架空配电线路主要由基础、杆塔、横担、绝缘子、导线、避雷线、金具、拉线等组成。架空配电线路的结构如图 1.1 所示。

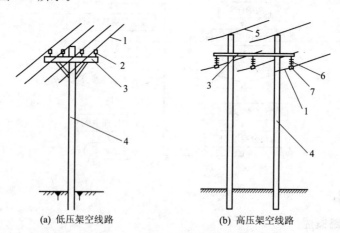

(a) 低压架空线路　　　(b) 高压架空线路

图 1.1　架空配电线路的结构

1—导线;2—针式绝缘子;3—横担;4—电杆;5—避雷线;6—悬式绝缘子;7—线夹

1.2　杆塔基础

杆塔基础即为杆塔的地下部分结构,是用于稳定杆塔,防止杆塔承受垂直荷重、水平载重及事故荷重等作用而产生上拔、下压,甚至倾倒的结构。杆塔基础常因杆塔的种类及结构不同而不同。架空电力线路的杆塔基础一般分为电杆(钢筋混凝土电杆)基础、铁塔基础和拉线钢杆基础。基础施工还包括拉线及撑杆基础的施工。

电力架空线路的施工,首先要根据设计图中的要求进行线路中心线的定线测量工作,设立各种施工所需要的标桩,如转角桩、里程桩、坑位桩等,然后再根据坑位桩进行基础施工。

1.2.1　电杆坑的定位与划线

(1)直线单杆坑的测量(定位与划线)

①检查杆位标桩。在被检查标桩和前后相邻标桩的中心各立一根测杆,从一侧看过去,若3根测杆都在线路中心线上,就表示被检查的标桩位置正确,同时在距中心标桩一定距离(2.5 m左右),沿线路中心线各钉一个辅助标桩,并做好记录。

②用大直角尺找出线路中心线的垂直线。直线单杆杆坑的分坑测量如图 1.2 所示。将直角尺放在标桩上,使直角尺中心 A 与标桩中心点重合,并使其垂线边中心线 AB 与线路中心线重合,此时直角尺底边 CD 即为线路中心线垂直线,在此垂直线上于标桩的左右侧一定距离(2.5 m左右)各钉一个辅助标桩,做好记录。辅助标桩是为了校验杆坑挖掘位置是否正确和电杆是否安装到位而设。

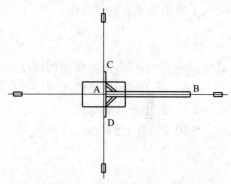

图 1.2　直线单杆杆坑的分坑测量

辅助标桩钉好之后,就可根据线路中心线和线路垂直线在地面上划出杆坑的坑口开挖周线。为了施工方便,也为了防止坑壁塌方,坑口尺寸应大于坑底尺寸。根据不同的土质情况,应采用不同的坑口宽度计算公式来计算坑口尺寸,坑口宽度计算公式见表1.1。

表 1.1　坑口宽度计算公式

土质情况	坑壁坡度	坑口宽度
一般黏土	10%	$A=b+0.1h\times2$
砂砾、松土	30%	$A=b+0.3h\times2$
需用挡土板的松土	—	$A=b+0.6$

注:A——坑口宽度,m;

　　h——坑的深度,m;

　　b——不带地中横木、卡盘或底盘时,为杆根宽度,m;带地中横木、卡盘或底盘时,为地中横木、卡盘或底盘长度,m。

(2)转角单杆杆坑的定位与划线

①检查转角杆的标桩时,在被检查的标桩前、后邻近的四个标桩中心点上各立直一根测杆,从两侧看三根测杆(被检查标桩上的测杆从两侧看都包括它),若转角杆标桩上的测杆正好位于所看二直线的交叉点上,则表示该标桩位置准确。然后沿所看二直线上的标桩前后的相等距离处各钉一个辅助标桩,以备校验电杆及拉线坑划线和杆坑挖掘位置是否正确之用。

②用大直角尺找出线路中心线的垂直线(也可用皮尺代替大直角尺,按等腰三角形方法找出线路中心线的垂直线)。将大直角尺底边中点 A 与标桩中心点重合,并使直角尺底边与二

辅助桩连线平行,划出转角二等分线的垂直线(即直角尺垂边中心线 AB,此线与横担方向一致),然后在标桩前后、左、右于转角等分线的垂直线和转角等分角线各钉一辅助标桩,以备校验电杆及拉线坑划线和杆坑挖掘位置是否正确之用。

③根据表1.1中的公式计算出坑口宽度,用皮尺在转角等分角线的垂直线上量出坑宽并划出坑口尺寸,其方法与直线单杆相同。

1.2.2 电杆坑的形式和埋深

电杆在土壤中固定,当受到外力所引起的力矩时,电杆埋入地下部分就会围绕某一转动中心转动,但这一转动将被土壤侧面的反作用力所产生的力矩抵消。当外力矩大于土壤侧面的反作用力矩时,则会导致电杆歪斜至倾倒。由此可见,电杆高度与埋深有直接的关系。电杆固定在土壤中的最大抗翻力矩:

$$M_{hp} = \frac{Abh^3}{12.7}$$

式中 h——电杆埋入土壤中的深度,m。

A——土壤极限强度随深度变化的比例系数。

b——电杆计算宽度,m。

作用于电杆上的力矩:

$$M = \frac{M_{hp}}{K}$$

式中 K——土壤中电杆的稳定系数。按规定,K 值不能小于1.5。

在配电线路中,电杆的埋深可按($L/10+0.7$)来计算,其中,L 为杆长。当设计未作规定时,不宜小于表1.2所列数值。

表 1.2　电杆埋深

杆长 L(m)	8	9	10	11	12	13	15	18~21	3.6 套筒
埋深(m)	1.5	1.6	1.7	1.8	1.9	2	2.2	混凝土基础	2.2~2.4

注:遇有土质松散、流砂、地下水位较高时的情况时,应做特殊处理。

拉线坑的截面和形式可根据具体情况确定,深度一般为1~1.2 m。

1.2.3 电杆普通基础坑的挖掘

基坑开挖是在线路复测,按杆塔基础形式分坑后,根据复测分坑时钉的坑位桩所画出的坑口线进行挖掘。挖掘时应根据土质情况采用相应的挖掘方法。

电杆普通基础坑一般不带底盘和卡盘,这种坑一般挖圆形坑,挖土量少,施工快,电杆起立后不易倒杆。当埋深在1.8 m以下时,一次即可挖成上下一样粗细的圆坑;深度在1.8 m以上时,为了挖坑人员便于立足和向上抛土,一般挖成阶梯形或上部挖开较大的方形,再继续挖中心圆坑,圆形阶梯坑挖坑示意图如图1.3所示。

挖坑时,坑底直径必须大于电杆根200 mm以

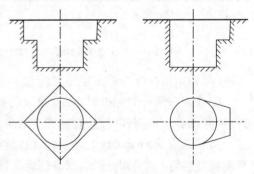

图1.3　圆形阶梯坑挖坑示意图

上，以便矫正。用固定式人字抱杆立杆或吊车立杆时可不挖马道(滑坡)。

(1)具体操作

①按照画好的坑口尺寸、规定的坑底尺寸和规定的坡度，使用镐和铁锹进行挖掘。

②挖出的土，应堆放在离坑边 0.5 m 以外的地方，以防影响坑内工作和立杆，甚至会使坑壁受重压而塌方。

③在挖掘的过程中，要随时观察土质情况，发现有塌方的可能时，应采用挡土板或放宽坑口坡度等措施，挖坑人员必须戴安全帽，不得在坑内休息。

④检查坑深。坑深可用尺直接测量或用水准仪、塔尺等进行测量，单坑的检查，一般以坑边四周平均高度为基准。

⑤坑底可用水平尺进行操平，边测量边修整，使坑底各处在同一水平面上。

(2)注意事项

①开挖基坑前，必须了解和掌握是否有地下管道和电缆设施以及该现场的实际位置，做好防护措施。如外来人员施工，应详细交代清楚并加强监护。在挖掘过程中发现电缆盖板或管道，应立即停止工作，并报告现场工作负责人。

②向坑外抛土时，应防止土石块回落伤人。不允许在坑内停留、休息。

③禁止在下部掏挖土层。在松软土质处挖掘基坑，基坑内壁坍塌危险时，应加可靠的防护挡板。通常不用挡板挖坑时，应适当加大坑壁的坡度。

④水坑与流砂坑的开挖，应采用挡板支撑或其他防止塌方的施工方法。在进行过程中还应经常检查挡板有无变形断裂等。

⑤水泥路开挖基坑时，扶凿人应戴安全帽、手套与面罩，打锤人应站在扶凿人的侧面，不得戴手套，并应采取有效措施防止行人接近时水泥块弹起伤人。

⑥在居民区或城市道路旁开挖基坑时，应装设围栏或加盖坑盖。夜间必须设红色指示灯。

⑦挖坑打洞的工具应坚实牢固。多人在一起作业时，应保持适当的距离，以防止使用的工具脱落伤人。

⑧杆坑需用马道时，一般要求马道的坡度不大于45°。

⑨基坑开挖深度超过标准+100 mm 时，应做如下处理：

a. 钢筋混凝土电杆基础：超深在 100～300 mm 时，其超深部分以填土夯实处理；如超深在 300 mm 以上时，其超深部分以铺石灌浆处理。

b. 拉线坑如超深，对拉线盘安装有影响时，以填土夯实处理；如无影响，可不做处理。

c. 水坑、流砂、淤泥、石坑超深部分均用铺石灌浆处理。

⑩基坑超深而以填土夯实处理时，应用相同的土壤回填，每层填土厚度不宜超过100 mm，并夯至原土相同的密度，若无法达到时，应将回填部分铲去，改以铺石灌浆处理。

(3)技术要求

①10 kV 及以下架空电力线路施工前的基础定位，顺线路方向的位移不应超过设计档距的 3%；直线杆横线路方向的位移不应超过50 mm。

②转角杆、分支杆的横线路、顺线路方向的位移均不应超过 50 mm。

③双杆基坑根开的中心偏差不应超过±30 mm。

④杆塔基础坑深以施工基面为准，拉线坑以拉线坑中心的地面为准备。电杆基坑深度的允许偏差为+100 mm、-50 mm。

⑤同基基础坑在允许偏差范围内应按最深的一坑操平。

⑥双杆基坑的两坑相对高差不应大于 100 mm,当介于 20～100 mm 时,应按较深的一坑操平。

⑦拉线基坑深度误差为浅 50 mm,深不控制。

1.3　施工前的准备

先根据任务、施工现场情况及参与施工人员的具体情况对人员进行分组、分工,准备施工工具和材料。

1.3.1　人员分工
人员分工见表 1.3。

1.3.2　所需工机具
所需工机具见表 1.4。

1.3.3　所需材料
所需材料见表 1.5。

表 1.3　人员分工

序号	项　目	人数	备　注
1	工作负责人	1	—
2	安全监护人	1	—
3	直线杆分坑测量及挖坑	2	可根据实际情况增加人数

表 1.5　所需材料

序号	名称	规格	单位	数量	备　注
1	木桩	—	根	4	—
2	小铁钉	—	根	4	—
3	白灰	—	kg	1	—

表 1.4　所需工机具

序号	名　称	规格	单位	数量	备　注
1	测杆	—	根	3	—
2	大直角尺(或皮尺)	大号	把	1	—
3	圈尺	—	把	1	—
4	镐	—	把	1	—
5	铁锹	尖头	把	3	短把 1 把
6	洛阳铲	—	把	1	—
7	水平尺	—	把	1	坑底操平
8	围栏	—	套	1	—
9	安全警示牌	—	套	1	—

1.4　电杆基础施工

1.4.1　检查杆位标桩
基坑开挖前按图纸设计要求找桩,并在杆位标桩前后相邻标桩的中心各立一根测杆,从一侧看过去,若 3 根测杆都在线路中心线上,就表示被检查的杆位标桩位置正确。

1.4.2　钉辅助桩及划坑口线
用测杆和大直角尺在杆位标桩的前、后、左、右各钉一辅助桩,并做好记录。辅助桩钉好之后,再根据线路中心线和线中垂直线在地面上划出杆坑的坑口开挖周线。

1.4.3　基坑挖掘
按《电力建设安全工作规程》架空电力线路部分要求;人工开挖基础坑时,应事先清除坑口附近的浮石;向坑外抛扔土石时,应防止土石回落伤人。坑深与坑口直径应根据电杆的长度及杆径来确定,坑口的大小应根据电杆根部的直径略放裕度。

需注意,在挖掘的过程中应随时修正坑位。

1.4.4　坑深检查

一般以坑边四周平均高度为基准,用水准仪及塔尺,先测得坑边地面的平均高度 h_1,再将塔尺伸入坑中心测得高度 h_2,则坑深 $H=h_2-h_1$,同时用塔尺测量坑四角处的高低差。若无水准仪时,可用直尺直量得坑深数字,允许误差为 $+100$ mm、-50 mm。施工另有规定者除外。

1.5　文明施工要求

(1)现场着装应符合劳动保护的要求。

(2)工器具应摆放整齐,完工后应做到"料净、场地清"。

(3)施工现场应设施工围栏,安全警示牌应悬挂在醒目的位置。

(4)施工风雨棚应搭设整齐,位置适当、合理。

(5)施工现场语言文明,不打闹,相互协作,有秩序。

1.6　环境保护要求

(1)有环境保护意识,不随地乱扔垃圾,特别是不可降解的塑料包装袋等。

(2)基础坑开挖时,出土应堆放整齐,尽量少占土地。

(3)施工时满足设计要求,严格防火要求。

(4)施工后及时清理现场,做到"工完、料净、场地清"。

(5)做好工程环保工作。

2　引导问题

2.1　独立完成引导问题

2.1.1　选择题

(1)基坑施工前的定位应符合:10 kV 及以下架空电力线路直线杆横线路方向的位移不应超过(　　)。

(A) 20 mm　　(B) 30 mm　　(C) 40 mm　　(D) 50 mm

(2)基坑施工前的定位应符合:10 kV 及以下架空电力线路,顺线路方向的位移不应超过设计档距的(　　)。

(A) 4%　　(B) 3%　　(C) 2%　　(D) 1%

(3)杆坑坑深允许误差为(　　),坑底应平整。

(A) $+100$ mm,-50 mm　　　　(B) $+100$ mm,-100 mm

(C) $+500$ mm,-100 mm　　　　(D) $+100$ mm,-150 mm

(4)根据有关规范的规定,除满足设计杆坑坑深误差值的要求外,双杆基坑的两坑相对高差不应大于 100 mm,当介于(　　)时,应按较深的一坑操平。

(A) 20~100 mm　　　　(B) 20~150 mm

(C) 30~100 mm　　　　(D) 30~120 mm

(5)钢筋混凝土杆坑,深度超过规定值在 100~300 mm 时,其超深部分以填土夯实处理,深度超过规定值在(　　)以上时,其超深部分以铺石灌浆处理。

(A) 120 mm   (B) 150 mm   (C) 200 mm   (D) 300 mm

2.1.2 填空题

(1)杆塔基础即为杆塔的_____部分,是用于稳定杆塔,防止杆塔承受_____荷重、_____载重及_____荷重等作用而产生的上拔、下压,甚至倾倒的机构。

(2)基础施工还包括_____基础的施工。

(3)若没有大直角尺,则可用_____,按_____方法找出线路中心线的垂直线。

(4)辅助标桩是用来校验电杆及拉线坑划线和在杆坑挖掘过程中校对_____位置的。

(5)挖坑时,抛土要特别注意防止土石落回坑内,挖出的土,应堆放在离坑边_____m以外的地方,以免影响坑内工作和立杆。

(6)在挖掘的过程中,要随时观察土质情况,发现有塌方的可能时,应采用_____或放宽坑口_____等措施。

(7)进入施工现场必须戴_____和_____,穿_____和_____,并带好个人的_____工具和安全带。

2.1.3 问答题

(1)请简述电杆普通基础坑的施工工序。

(2)请简述基础坑施工中的安全注意事项。

2.2 小组合作寻找最佳答案

采用扩展小组法,完成引导问题答案对照表,格式见书末附表1。

2.3 与教师探讨

重点对答案对照表中打"⊘"的问题,特别是4对4讨论结果中打"×"的问题进行探讨。

3 计划决策

独立填写领料单(格式可参照书末附表2)、人员分工表(格式可参照书末附表3),缩写立杆方案;小组合作讨论共同填写小组领料单,小组人员分工表,确定整体组立直线中间杆之施工方案。

4 任务实施

4.1 施工准备

(1)工作负责人召集全组人员进行"二交二查"。

1)交待具体的工作任务,交待易出错点及预防措施。

2)检查全组工作人员是否戴安全帽、是否规范着装(穿工作服、胶鞋、戴手套)。

3)检查个人工器具(电工工具、安全带)是否完好和齐全。

(2)以工作组为单位领取工器具和材料。

(3)按设计施工图要求找杆位中心桩。

(4)熟悉开挖基坑的基础类型和尺寸要求,检查开挖基础的土壤情况与设计是否相符。

4.2　施工操作

(1)核对杆位标桩。

(2)测量,钉辅助标桩,进行坑口划线。

特别提示:测量要认真,钉辅助标桩要仔细,需做好记录。

(3)杆坑挖掘。

特别提示:

1)基坑开挖前应保护好基坑辅助标桩。

2)安全用品、安全措施一定要到位。

3)开挖工具要牢固。

4)基坑必须严格按设计要求尺寸开挖。

5)当有人用镐挖掘时,其他人应先远离,以防误伤。

6)抛土要特别提示防止土石落回坑内,挖出的土应堆放在离坑边0.5 m以外的地方。

7)在挖掘的过程中,要随时观察土质情况,发现有塌方的可能时,应采用挡土板或放宽坑口坡度等措施。

8)挖好后,坑底一定要夯实、操平。

(4)清理现场,作业结束。

特别注意:文明施工、做好环保。

5　检查

(1)请根据实际情况填写任务完成情况检查记录表(格式可参照书末附表4)。

(2)对施工过程中出现的问题进行分析,并填写施工问题分析表(格式可参照书末附表5)。

6　总结评价

每个人对该任务实施过程进行总结(须包含实际施工工序及操作技巧,自己在整个作业过程中所做的工作,关键点预控措施等)。小组合作完成汇报文稿(须包含任务要求,组员的具体分工及各人的完成情况,任务实施程序,关键操作技巧,易出错点及其预控措施,经验教训和启示)。

请各组根据任务完成过程,通过讨论填写能力评价表(格式可参照书末附表6)。

学习子情境2　普通电杆组立

学习情境描述

在配电线路实践基地已挖好的普通基础坑中组立8 m高的混凝土拔梢杆,要求采用地面组装,倒落式人字抱杆立杆。

学习目标

1. 了解钢筋混凝土电杆的构造和优点。
2. 会搜集杆塔组立方面的资料,会认钢筋混凝土电杆的型号。
3. 能编制出最佳(省力、省时、施工误差小)的施工工序,并能做到举一反三。
4. 掌握钢筋混凝土电杆组立的施工要点。
5. 养成安全、规范的操作习惯和良好的沟通习惯。
6. 训练解决实际问题的能力。

学习引导

快速完成任务流程:

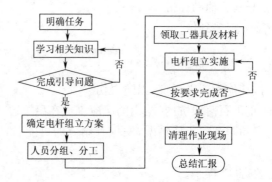

1 相关知识

1.1 基础知识

1.1.1 杆塔的作用与要求

杆塔是架空输配电线路本体的主要部分,其作用是支持导线和避雷线,保证导线与避雷线之间、导线与导线之间、导线与地面或交叉跨越物之间所需的距离。对电杆的要求是有足够的机械强度,寿命长,抗腐蚀性强,造价和运行成本低。

1.1.2 杆塔的分类

(1)按材质分类

杆塔按材质分为木杆、混凝土杆和金属杆塔。木杆虽质量轻,运输方便,但因易腐蚀,维护量大,浪费木材等缺点已被淘汰。

我国输配电线路工程中,目前常用的杆塔按材料分有钢筋混凝土电杆(简称水泥杆、电杆或混凝土杆)和金属杆塔两种。一些特殊大跨越工程还用钢筋混凝土烟囱式巨型塔。

1)钢筋混凝土电杆

钢筋混凝土电杆在配电线路中应用最为广泛,它具有取材方便,制造简单,节约钢材,投资少,坚实耐用,强度高,不腐蚀,维护工作量小,运行费用低等优点,其一般寿命不少于30年,但钢筋混凝土杆也有笨重,运输和组装不便等缺点,尤其是在山区架设电力线路更加困难。

钢筋混凝土电杆可分为等径杆和拔梢杆(又称锥形杆),架空配电线路电杆多为拔梢杆,而拔梢杆又可分为整杆和分段杆。

2）金属杆塔

常用的金属杆塔有钢管杆、铁塔和钢管塔，此外还有使用铝合金制造的杆塔。

钢管杆多用于城镇 10 kV 配电线路改造中；铁塔是高压输配电线路最常用的支持物；钢管塔是特高压和超高压输电线路最常用的支持物。金属杆的优点是：机械强度大，寿命长，拆装、运输方便，各种地形均可安装施工。但其缺点是：金属用量大，造价高，易腐蚀。

（2）按在线路中的作用分类

杆塔按其在线路中的作用可分直线杆塔、耐张杆塔、转角杆塔、终端杆塔、跨越杆塔及换位杆塔等。

1）直线杆塔

直线杆塔用于线路的直线区段，又称中间杆。占杆塔使用数量的 80% 左右，在正常情况下承受线路垂直荷载和横向水平风荷载。在顺线路方向也有一定承载能力。直线杆塔主要采用针式绝缘子、瓷横担或悬垂绝缘子串（35 kV 及以上），一般不打拉线。

直线杆塔一般采用固定横担和固定线夹。有时为了减轻断线后导线对杆塔的作用力，在直线塔上采用转动横担、变形横担，但在我国极少采用。

2）耐张杆塔

耐张杆塔也叫做承力杆塔，是一种坚固、稳定的杆塔。为防止倒杆或断线事故范围扩大，设计中常把一条线路分为几个相对独立的受力段，在工程上称为耐张段（耐张段即是指相邻两个耐张杆塔间的区段。若一个耐张段内只有一个档距，则该耐张段称为独立档。档距是指相邻两个杆塔间的水平距离），相应每个耐张段两端的杆塔称为耐张杆塔。耐张杆塔的特点是：正常情况下除了要承受线路的垂直荷载和水平风荷载以外，还要承受相邻两个耐张段导线的拉力差。断线事故情境下作为未断线侧的终端杆，因此要求它的强度比直线杆大。

耐张杆塔两边的导线在机械上是分开的，是通过蝶式绝缘子或耐张线夹和耐张绝缘子串固定于杆塔之上的。通常在线路施工设计时按耐张段进行，故又称紧线杆。

3）转角杆塔

转角杆塔用在线路的转角处，分为直线型和耐张型两类。对 35 kV 及以上线路，转角为 5°以下时用直线型，5°以上用耐张型。转角杆比直线杆更多承受沿分角方向的导线张力的合力。

4）终端杆塔

终端杆塔是一种承受单侧导线拉力的耐张杆塔，它位于线路的首末两端，即发电厂或变电站出线或进线的第一杆塔。

5）跨越杆塔

跨越杆塔位于线路与河流、山谷、铁路等交叉跨越的地方。跨越杆塔也分为直线型和耐张型两种，当跨越档距很大时，就得采用专门设计的耐张跨越杆塔，其高度也较一般杆塔高得多。

6）换位杆塔

换位杆塔用于三相导线进行互换位置的地方（220 kV 以上）。之所以换位是因为导线排列方式的不同可使各相导线间的距离不等，造成每相导线阻抗参数不同，从而形成三相电压和电流不平衡。这对系统的运行、负载和通信会产生不利的影响，因此，若线路的三相导线是水平或垂直排列的，则每隔一段距离要进行导线换位，以使三相参数趋于相等。导线换位的方法有直线换位、耐张换位等几种,换位杆塔的形式也不同。

1.1.3　影响杆塔高度的因素

杆塔高度必须满足电气条件、杆塔受力的合理性等要求。电气条件包括所选定的导线的型号、导线的最大弧垂、线间距离、导线对地安全距离及交叉跨越的有关规定。

(1)导线的对地距离。导线对地面的安全距离主要取决于线路的电压等级,在最大弧垂情况下应不小于表1.6所列数据。

表1.6　导线对地面的最小距离(m)

线路经过地区	架空电力线路额定电压(kV)		
	0.38(0.22)	10(6)	35
居民区	6.0	6.5	7.0
非居民区	5.0	5.5	5.0
交通困难地区(车辆、农机具不能到达的地区)	4.0	4.5	5.0

(2)上、下横担间的距离。主要取决于线路的电压等级。

(3)导线的最大驰度。主要取决于档距的大小。

(4)钢筋混凝土杆需要埋深。

1.1.4　杆塔荷重

(1)垂直荷重。杆塔垂直荷重主要由以下4方面构成:

1)杆塔本身的重量。

2)导线、横担、金具绝缘子的重量。

3)覆冰重量。

4)安装检修时,安检人员、工机具及附件重量。

(2)水平荷重。杆塔水平荷重主要由以下3方面构成:

1)杆塔本身的风压。

2)导线风压。

3)导线角度张力及不平衡张力。

1.1.5　钢筋混凝土杆的外观检查、堆放及运输

(1)外观检查

混凝土电杆的技术特性、制造规格等,除应符合国家现行标准的规定外,安装前应进行外观检查,且应满足下列要求:

1)表面光洁平整,壁厚均匀,无露筋、跑浆等现象。

2)杆身弯曲不应超过杆长的1/1 000。

3)环形钢筋混凝土电杆放置于地平面检查时,应无纵向裂缝,横向裂缝的宽度不应超过0.1 mm,长度不应大于1/3周长;预应力钢筋混凝土电杆不得有纵、横向裂纹。

(2)电杆的堆放

钢筋混凝土电杆自重很大,堆放时宜按型号分别堆放在支垫物上,支垫物一般以枕木为宜,枕木的支放点应使杆身自重所产生的弯曲最小。堆放层数不宜大于4层,层与层之间应用支垫物隔开,各层支垫物应在同一垂直线上,每层支垫物应在同一平面上,支垫物数量及位置应符合国家现行的《环形钢筋混凝土电杆标准》及《环形预应力钢筋混凝土电杆标准》的规定。

单根电杆放置在地面上时对悬空部分应加衬垫。

（3）电杆的运输

电杆运输从性质上可分为大运输和小运输。从采购地用火车、舟船、汽车等将电杆运到施工班材料库或施工班指定的各集散点，称为大运输，简称大运；由施工班根据施工图纸把电杆分别配发到每个电杆基坑边，称为小运输，简称小运。小运多采用胶轮车或人工抬肩扛，在丘陵坡地，可用绞磨将电杆拖上坡地，在山边可设法架设专用索道运输。

1.1.6　钢筋混凝土杆的组立

直线杆塔的杆顶结构如图 1.4 所示。为了施工方便，一般都在地面上将电杆顶部的横担、绝缘子和金具等组装完毕，然后整体立杆。组装前应对电杆、横担、绝缘子和金具等进行检查，保证其完好和符合要求。

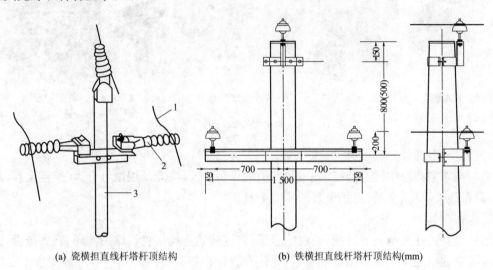

(a) 瓷横担直线杆塔杆顶结构　　　　　　(b) 铁横担直线杆塔杆顶结构(mm)

图 1.4　直线杆塔的杆顶结构

1—导线；2—瓷横担；3—电杆

（1）横担的作用和分类

横担安装在电杆的上部，是用来安装绝缘子以固定导线之用的。横担既是绝缘子安装架，也是保证导线间距离的排列架。按材质分一般有木横担、铁横担和瓷横担。

木横担已随木电杆淘汰。

铁横担多由等边角钢制成，在配电线路中应用最为广泛。优点是：有较高的机械强度，使用寿命长，安装方便，维护量较小等。铁横担直线杆塔杆顶结构如图 1.4(b)所示。

瓷横担具有良好的电气绝缘性能，一旦发生断线故障时它能做相应的转动，以避免事故的扩大。瓷横担结构简单，安装方便，便于维护，在 10 kV 及以下的高压架空线路中应用广泛，但瓷横担脆而易碎，在运输和安装中要注意。磁横担直线杆塔杆顶结构如图 1.4(a)所示。

（2）架空线路绝缘子的作用和分类

绝缘子是用来使导线和杆塔之间保持绝缘状态，同时还承受主要由导线传来的各种机械荷载的构件。因此，它必须具有足够的绝缘强度和机械强度，同时必须具有足够的抗化学物质侵蚀的能力，并能适应周围环境变化，如温度和湿度变化对它本身的影响等。

绝缘子按材质分为：瓷绝缘子、钢化玻璃绝缘子和合成绝缘子。架空电力线路用绝缘子如

图 1.5 所示。

绝缘子按结构分主要有：针式绝缘子、蝶式绝缘子、悬式绝缘子和瓷横担式绝缘子等。

高压线路柱式绝缘子如图 1.5(e)所示，其具有电气性能好，机械强度高，安装维护方便等的优点，适用于污秽地区。

低压蝶式绝缘子主要在低压架空线路做终端杆、耐张杆和转角杆上的绝缘及导线固定，同时也被广泛地用于线路的导线支持。

低压布线用绝缘子适用于户内低压配电线路，包括鼓形绝缘子、瓷夹板和瓷管等。

(a) 瓷—针式绝缘子   (b) 瓷—蝶式绝缘子   (c) 玻璃—悬式绝缘子 (d) 复合—悬式绝缘子   (e) 柱式绝缘子

图 1.5　架空电力线路用绝缘子

(3)架空配电线路金具的作用和分类

金具在架空线路中起着连接、固定和保护的作用，按其性能及用途可分为：连接金具、悬垂线夹、耐张线夹、接续金具、保护金具和拉线金具。

1)连接金具

连接金具的作用是完成导线(通过绝缘子)与电杆的连接，包括：球头挂环、碗头挂板，分别用于联结悬式绝缘子上端钢帽及下端钢脚，还有直角挂板(一种转向金具，可按要求改变绝缘子串的连接方向)，U 形挂环(直接将绝缘子串固定在横担上)、延长环(用于组装双联耐张绝缘子串等)、二联板(用于将两串绝缘子组装成双联绝缘子串)等。

2)悬垂线夹

悬垂线夹用于直线杆塔上悬吊导线、地线，并对导线、地线应有一定的握力。

3)耐张线夹

耐张线夹用于耐张杆塔、转角杆塔或终端杆塔，承受导线、地线的拉力，也用来紧固导线的终端，使其固定在耐张绝缘子串上，也用于避雷线终端的固定及拉线的锚固。

4)接续金具

接续金具用于架空电力线路导线、避雷线的连接和修补，接续金具承担与导线相同的电气负荷，大部分接续金具承担导线或避雷线的全部张力，以字母 J 表示。根据结构形式和安装方法的不同，接续金具分为压缩型、螺栓型和预绞丝式 3 类，其中压缩型又分为钳压、液压和爆压3 种。

5)保护金具

保护金具分为机械类和电气类两类。机械类保护金具是为防止导线、地线因振动而造成断股；电气类保护金具是为防止绝缘子因电压分布严重不均匀而过早损坏的。机械类有防振锤、预绞丝护线条、重锤等；电气类金具有均压环、屏蔽环等。

6)拉线金具

拉线金具主要用于线路转角、终端及直线部分防风杆塔等的固定,常用的有楔形线夹、钢线卡子、可调式 UT 形楔形线夹等。

(4)钢筋混凝土杆的地面组装

钢筋混凝土杆的地面组装顺序一般为:先装导线横担,再装避雷线横担、叉梁、拉线抱箍、爬梯抱箍及绝缘子。铁横担直线杆塔杆顶结构若如图 1.4(b)所示,则其地面组装方法介绍如下。

1)横担安装

在电杆上根据需要安装一根或多根横担时,这些横担须平行装设在一个垂直面上,且与线路方向垂直。如高、低压线路合杆架设时,高压横担应装于低压横担上方,各横担中心最小垂直距离不应小于表 1.7 所列数值。直线杆横担要装设于电杆的受电侧,双方向供电时,则按统一方向;分支杆、转角杆、终端杆当采用单横担时,应装于张力的反方向即拉线侧。横担安装应平整,安装偏差应不大于下列规定:

①横担端部上下歪斜不大于 20 mm。

②横担端部左右扭斜不大于 20 mm。

③双杆的横担,横担与电杆连接处的高差不应大于连接距离的 5/1 000;左右扭斜不大于横担长度的 1/100。

表 1.7 横担中心间最小垂直距离(m)

电压等级(kV)	直线杆	分支或转角
10 与 0.38	1.2	1.0
0.38 与 0.38	0.6	0.3

2)杆顶支座安装

将杆顶支座的上、下抱箍抱住电杆,分别将螺栓穿入螺栓孔,用螺母拧紧固定。如果电杆上留有装杆顶支座的孔眼,则不用抱箍,可将螺栓直接穿入支座和电杆上的孔眼,用螺母拧紧固定即可。

3)针式绝缘子安装

绝缘子表面洁净,无污垢、裂纹;绝缘子的电压等级不低于线路额定电压;安装牢固。

(5)钢筋混凝土杆整体立杆

整体立杆的常用方法有:吊车立杆、叉杆立杆、固定式抱杆立杆和倒落式人字抱杆立杆等。

1)吊车立杆

此方法机械化程度高,安全、高效。条件允许时均应采用此法。

2)叉杆立杆

在缺乏机械的情况下,须立少量的、低于 9 m 的钢筋混凝土电杆时,可用人工叉杆立杆。使用此方法的工具主要有一组高低不同的叉杆、顶板和滑板,比较简单。但需要的人多,劳动强度大。

立杆时,先在坑壁竖一块滑板,再将杆根部移至坑边,电杆梢部结 3 根拉绳,每根由 1 人拉住,以坑为中心三角站立。在统一指挥下,用抬杠抬起电杆梢部,并借助于顶板支持杆身重量,每台起一次,顶板就向杆根移动一次,将杆身扶起的同时使杆根顺着滑板逐渐滑入坑内,待杆身起立到一定高度,即可支上叉杆,撤去顶板。叉杆由两人操作一副,拉绳人使劲拉绳,帮助将电杆竖起,当电杆至 80°左右时,将一副叉杆移至另一侧,并用拉绳使电杆直立。此时,须用 3 根拉绳加两副对撑的叉杆同时给力,以保持电杆的直立。正杆,回填。

3)固定式人字抱杆立杆

适用于立 15 m 及以下的单根钢筋混凝土电杆,一般不受地形限制,在铁路站场、城镇施工比较方便。

4)倒落式人字抱杆立杆

倒落式抱杆立杆采用人字抱杆,可以起吊各种高度的单杆或双杆,是不能用吊车立杆时最常用的方法。立杆的主要工具有:人字抱杆、滑轮、绞磨(或卷扬机)、钢丝绳等。

立杆前,先将制动钢丝绳的一端结在电杆根部,另一端在制动桩上绕3~4圈,再将起吊钢丝绳的一端结在抱杆顶部的铁帽上,另一端绑在距杆根2/3处。在电杆顶部结临时调整绳3根,按三角形分开控制。总牵引绳经滑轮组后引向卷扬机(或绞磨),其方向要与制动桩、坑中心、抱杆铁帽处于同一条直线上。

起吊时,转动卷扬机(或绞磨),抱杆和电杆同时起立,负责制动绳和调整绳的人员要相互配合,加强控制。当电杆起立到适当位置时,缓慢松动制动钢丝绳,使电杆根部逐渐进入坑内,但杆根应在抱杆失去作用前接触坑底,当杆根快要接触坑底时,应控制杆根定于正确位置。在整个立杆过程中,临时拉绳要均衡施力,以保证杆身稳定。电杆直立后,进行回填土、夯实及调整横担位置的工作,最后拆卸立杆工具,清理现场。

1.1.7 组立后电杆的技术要求

(1)直线杆立好后应正直,横向位移不应大于50 mm。10 kV及以下架空电力线路杆梢的位移不应大于杆梢直径的1/2。

(2)转角杆的横向位移不应大于50 mm。转角杆应向外角预偏、紧线后不应向内角倾斜,向外角的倾斜,其杆梢位移不应大于杆梢直径。

(3)终端杆立好后,应向拉线侧预偏,其预偏值不大于杆梢直径。紧线后不应向受力侧倾斜。

(4)以抱箍连接的叉梁,其上端抱箍组装尺寸的允许偏差在±50 mm范围内;分段组合、叉梁组合后应正直,不应有明显的"鼓肚"、弯曲;各部连接牢固。横梁安装后,应保持水平;组装尺寸允许偏差应在±50 mm范围内。

(5)以螺栓连接的构件应符合下列规定:

1)螺杆应与构件面垂直,螺头平面与构件间不应有间隙。

2)螺栓紧好后,螺杆丝扣露出的长度应为:单螺母不应少于两个螺距;双单螺母不可与螺母相平。

3)必须加垫圈时,每端垫圈不应超过2个。

(6)螺栓的穿入方向应符合下列规定:

1)对立体结构:水平方向由内向外;垂直方向由下向上。

2)对平面结构:顺线路方向,双面构件由内向外,单面构件由送电侧穿入或按统一方向;横线路方向,两侧由内向外,中间由左向右(面向受电侧)或按统一方向;垂直方向,由上向下。

(7)线路单横担的安装。直线杆应装于受电侧;分支杆、90°转角杆及终端杆应装于拉线侧。

(8)横担安装应平正,安装偏差应符合规定。

(9)绝缘子安装应牢固、可靠,并防止积水。

(10)基坑回填土应符合下列规定:

1)土块应打碎。

2)10 kV及以下架空电力线路基坑每回填500 mm应夯实1次。

3)松软土质的基坑,回填土时应增加夯实次数或采取加固措施。

4)回填土后的电杆基坑宜设置防沉土层,土层上部面积不宜小于坑口面积;培土高度应超出地面 300 mm。

5)当采用抱杆立杆留有滑坡(又称马道)时,滑坡回填土应夯实,并留有防沉土层。

1.1.8 文明施工及环境保护

(1)文明施工要求

1)现场着装应符合劳动保护的要求。

2)工器具应摆放整齐。

3)施工现场应设安全围栏,安全警示牌应悬挂在醒目的位置。

4)施工风雨棚应搭设整齐,位置适当、合理。

5)施工现场语言要文明,不打闹,会协作。

(2)环境保护

1)有环境保护意识,不随地乱扔垃圾,特别是不可降解的塑料包装袋等。

2)施工时尽量少占地。

3)施工时遵照设计要求,严格防火。

4)施工后及时做好清理,做到"工完、料净、场地清"。

5)做好环保工作。

1.2 施工前的准备

根据任务、施工现场情况及参与施工人员的具体情况对人员进行分组分工。直线电杆整体倒落式人字抱杆立杆施工前准备如下:

(1)人员分工

人员分工见表 1.8。

(2)所需工机具

所需工机具见表 1.9。

(3)所需材料

所需材料见表 1.10。

表 1.8 人员分工

序号	项 目	人数	备 注
1	工作负责人	1	—
2	操作	8	—

表 1.10 所需材料

序号	名 称	规格	单位	数量	备 注
1	钢筋混凝土电杆	H9	根	1	
2	杆顶支座	—	套	1	
3	横担	—	套	1	带 M 形垫铁
4	低压针式绝缘子	—	个	3	

表 1.9 所需工机具

序号	名 称	规格	单位	数量	备 注
1	倒落式人字抱杆	—	套	1	—
2	滑车组	—	组	1	—
3	绞磨(或卷扬机)	—	台	1	—
4	定滑轮	—	个	1	—
5	钢丝绳	—	根	5	牵引、起吊、制动
6	吊绳	—	根	3	调整
7	转杆器	—	套	1	整正电杆
8	线坠	—	套	1	观察杆是否直立

1.3 直线中间杆整体组立施工程序

1.3.1 施工准备

(1)技术准备。熟悉电杆结构图,施工手册及有关注意事项。

(2)组织准备。进行组员分工。

(3)施工工器具及材料准备。

1.3.2 电杆的地面组装

组装施工前,按电杆组装图仔细核对各部件的规格尺寸,有无质量缺陷,各构件所需要的数量等,对组装所需的材料仔细清点。

安装时,要严格按照图纸的设计尺寸、位置和方向,拔正电杆,使其在中心线上。

普通混凝土电杆地面组装的一般顺序为:先安装导线横担,再装杆顶支座,最后安装绝缘子。各构件的组装应紧密牢固,交叉构件在交叉处留有空隙时,应装设相同厚度的垫圈或垫板。

地面组装完毕后,应系统地检查钢筋混凝土电杆杆顶是否封好,杆身混凝土有无碰伤、掉皮,如有应按要求用水泥砂浆补好。

1.3.3 倒落式人字抱杆立杆

立杆前,按图 1.6 所示做好准备(注意:当杆高小于 15 m 时,可不用平衡分绳滑车,用一根吊绳即可),同时,全体组员明确施工方案和各自职责。一人指挥,制动绳、调整绳每根各由 1 人负责,绞磨由 4 人共同负责。

起吊时,当电杆起立到 40°~50° 时,应检查杆根是否对底盘,如有偏移应及时调整。

电杆立起,整正后应立即回填,用铁锹沿杆四周将挖出的土填回到坑内,填土时应将土块打碎,约每填 300 mm 夯实一次,边回填边夯实,夯实时应在电杆四周交替进行,以防挤动杆位。多余的土应堆在电杆根部周围,形成土台,最好高出地面 300 mm 左右,土台边也应夯实,以防泥土下陷积水。填土时应注意不要将砖头、瓦块埋入坑中。

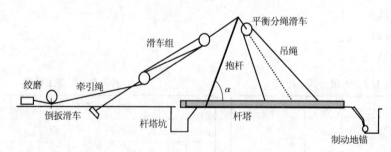

图 1.6 倒落式人字抱杆立杆示意图

1.3.4 安全注意事项

(1)立杆前确定好立杆方案,明确分工,统一指挥。严禁工作人员不听号令,自行其事。仔细检查立杆工具,所有起重工具严禁超铭牌使用。

(2)立杆现场严禁非工作人员逗留。必须撤至杆高的 1.2 倍距离之外。

(3)电杆起立,禁止任何人在杆下逗留。工作人员应分布在电杆的两侧,以防电杆突然落下伤人。

(4)立杆时,禁止工作人员进行挖土等工作。

(5)电杆立正后,要立即回填土。回填土要按要求分层夯实,未夯实前,不准登杆,也不准拆除拦护绳。

(6)拆除过程中应防止钢丝绳弹及面部、手部,并防止坠落伤人。

2　引导问题

2.1　独立完成引导问题

2.1.1　选择题

(1)以下电杆中,只有(　　)不承受导线拉力。

(A) 分支杆　　　　(B) 转角杆　　　　(C) 特种杆　　　　(D) 直线杆

(2)架空配电线路中,主要用于低压线路终端杆和承受较大拉力的耐张杆和转角杆上的绝缘子是(　　)绝缘子。

(A) 针式　　　　(B) 蝶式　　　　(C) 悬式　　　　(D) 拉线

(3)10 kV 以下电杆调整好后,便可开始向电杆坑回填土,每回填(　　)厚夯实 1 次。

(A) 150 mm　　　(B) 200 mm　　　(C) 300 mm　　　(D) 500 mm

(4)电杆安装时,回填土夯实后应高于地面(　　),以备沉降。

(A) 150 mm　　　(B) 200 mm　　　(C) 300 mm　　　(D) 500 mm

(5)倒落式人字抱杆,当电杆起立到(　　)时,应检查杆根是否对底盘,如有偏移应及时调整。

(A) 20°～30°　　(B) 30°～40°　　(C) 40°～50°　　(D) 50°～60°

2.1.2　填空题

(1)进行地面组装前应检查＿＿＿＿、＿＿＿＿、＿＿＿＿和＿＿＿＿是否符合要求。直线单杆应位于基坑的＿＿＿＿侧,且杆身应沿线路＿＿＿＿方向放置,这样放是因为直线杆横担要装在电杆的受电侧,且与线路方向＿＿＿＿。

(2)在安装时要严格按照图纸的设计尺寸、位置和方向。组装时,先安装＿＿＿＿,再装＿＿＿＿,最后安装＿＿＿＿。

(3)安装横担时,先把 U 形抱箍套在电杆上,放在横担固定位置。在横担上合好 M 形抱铁,使 U 形抱箍穿入横担和抱铁的螺栓孔,将横担调整至符合规定,将螺帽逐个拧紧。横担安装应＿＿＿＿,横担端部上下歪斜不大于＿＿＿＿ mm。

(4)杆顶支座及横担调整紧固好后,即可安装绝缘子。安装前应把绝缘子表面的灰垢、附着物及不应有的涂料＿＿＿＿,经检查试验合格后,再进行安装。要求安装＿＿＿＿、连接＿＿＿＿、防止积水。

(5)总牵引绳的方向要与＿＿＿＿、＿＿＿＿和＿＿＿＿处于同一条直线上。

(6)当电杆起立到适当位置时,缓慢松动制动钢丝绳,使电杆根部逐渐进入坑内,但杆根应在＿＿＿＿前接触坑底,当杆根快要接触坑底时,应控制杆根定于正确位置。

(7)安装横担时,最好是＿＿＿＿人同时配合安装。采用倒落式人字抱杆立杆方案,最少需要＿＿＿＿人。

(8)请写出图 1.7 所示倒落式人字抱杆立杆示意图中各构成部分的名称。

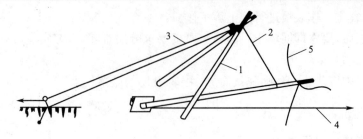

图 1.7　倒落式人字抱杆立杆示意图

1—＿＿＿＿＿;2—＿＿＿＿＿;3—＿＿＿＿＿;4—＿＿＿＿＿;5—＿＿＿＿＿

2.1.3　问答题

(1)混凝土电杆的地面组装顺序是什么?

(2)影响杆塔高度的因素有哪些?

(3)请用简练的语言描述倒落式人字抱杆立杆的操作要点。

2.2　小组合作寻找最佳答案

采用扩展小组法,完成引导问题答案对照表,格式见书末附表1。

2.3　与教师探讨

重点对答案对照表中打"⊘"的问题,特别是4对4讨论结果中打"×"的问题进行探讨。

3　计划决策

独立填写领料单、人员分工表,缩写立杆方案;小组合作讨论共同填写小组领料单,小组人员分工表,确定整体组立直线中间杆之施工方案。

4　任务实施

4.1　施工准备

(1)工作负责人召集全组人员进行"二交二查"。

1)交待具体的工作任务,交待易出错点及其预防措施。

2)检查全组工作人员是否戴安全帽、是否规范着装(穿工作服、胶鞋、戴手套)。

3)检查个人工器具(电工工具、安全带),是否完好和齐全。

(2)以工作组为单位领取工器具材料。

4.2　直线中间杆整体组立施工操作

(1)电杆的地面组装。特别注意:一查二做三核对。所有材料和构件要符合规范规定,安装工艺符合质量要求。

(2)立杆。特别注意:分工要明确,配合要紧密,一切行动听指挥。严格按技术要求施工,做好整杆、回填工作。

(3)拆除立杆工具,清理现场,作业结束。特别注意:在确保电杆稳固后方可拆除立杆工具,文明施工,做好环保。

5　检查

(1)请根据实际情况填写任务完成情况检查记录表。

(2)对施工过程中出现的问题进行分析,并填写施工问题分析。

6　总结评价

每个人对该任务实施过程进行总结(须包含实际施工工序及操作技巧,自己在整个作业过程中所做的工作,关键点预控措施等),小组合作完成汇报文稿(须包含任务要求,组员的具体分工及各人的完成情况,任务实施程序,关键操作技巧,易出错点及其预控措施,经验教训和启示)。

请各组根据任务完成过程,通过讨论填写评价表。

学习子情境 3　普通拉线安装

学习情境描述

为配电线路演练场一终端杆安装普通拉线,拉线采用型号为 GJ-35 的镀锌钢绞线。

学习目标

1. 了解拉线的作用、类型和结构,脚扣、脚踏板登杆的工作原理,知道团队协作的重要性。

2. 会搜集拉线安装方面的资料,能准确测量拉线长度、计算下料长度。

3. 能编制出最佳的(省工、省料、误差小)施工工序,能举一反三。

4. 掌握脚扣登杆、拉线安装操作技巧。

5. 能按规范熟练地上下杆,并能进行杆上作业,完成拉线安装。

6. 养成安全、规范的操作习惯和良好的沟通习惯。

学习引导

快速完成任务流程：

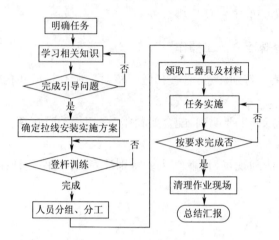

1 相关知识

1.1 基础知识

1.1.1 拉线

(1)拉线的作用

安装拉线的目的是为了平衡杆塔承受的水平风力及导线、避雷线的不平衡拉力,防止杆塔弯曲或倾覆。因此,在承受不平衡张力的杆塔上,如终端杆、转角杆、跨越杆等,均安装拉线。

(2)拉线的类型

根据拉线用途和作用的不同,一般有以下几种形式:

1)普通拉线

用于线路终端杆、小角度的转角杆塔、分支杆及耐张杆等处,主要起平衡导线不平衡张力的作用。一般和电杆成45°,如果受地形限制,不应小于30°且不大于60°。普通拉线如图1.8所示。

2)人字拉线

人字拉线又称防风拉线或两侧拉线,由两组普通接线分别安装在直线杆塔垂直线路方向的两侧,用以增强杆塔的抗风能力。人字拉线如图1.9所示。

3)十字拉线

十字拉线又称四方拉线,在垂直线路方向和顺线路方向均安装人字形拉线,用于增强耐张杆塔、土质松软地区杆塔的稳定性或增强杆塔的抗风能力及防止断线而缩小事故范围。实际上属于人字拉线的一种。

4)水平拉线

水平拉线又称过道拉线或高桩拉线。由于电杆距离道路太近不能就地安装普通拉线或跨越其他设施时,则采用过道拉线。即在道路的另一侧立一根拉线杆(高桩),在此杆上做一条过道拉线和一条普通拉线,过道拉线应保持一定高度,以免妨碍行人和车辆通行。水平拉线如图 1.10 所示。

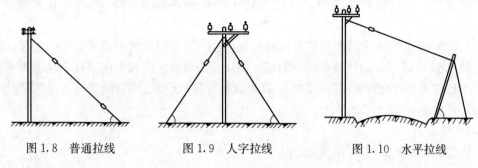

图 1.8　普通拉线　　　　　图 1.9　人字拉线　　　　　图 1.10　水平拉线

5)V 形拉线

V 形拉线又称 Y 形拉线,其又分为垂直 V 形拉线和水平 V 形拉线。垂直 V 形拉线用于电杆较高,横担层数较多,架设导线较多的杆塔上,不仅可防止电杆倾覆,且可防止电杆承受过大的弯矩,垂直 V 形拉线如图 1.11(a)所示;水平 V 形拉线用于双杆的 Ⅱ 型杆。如跨越铁路、公路、河流等档距较大地方时,前后两杆有的都是 Ⅱ 型杆,须安装 V 形拉线,水平 V 形拉线如图 1.11(b)所示。

6)弓形拉线

弓形拉线又称自身拉线,受地形或周围自然环境的限制时,不能安装普通拉线,只能在杆塔附近下锚的情况下,采用弓形拉线。弓形拉线如图 1.12 所示。

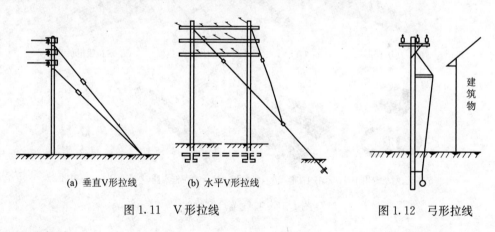

(a) 垂直V形拉线　　　　(b) 水平V形拉线

图 1.11　V 形拉线　　　　　　　　　　图 1.12　弓形拉线

7)X 形拉线

X 形拉线常用于门形双杆,既防止了杆塔顺线路、横线路倾倒,又减少了线路的占地面积。

8)撑杆

因地形限制而无法安装拉线时,可在导线张力之合力方向上装设与杆塔同材质的撑杆。撑杆与电杆的夹角,一般以 30°为宜,撑杆埋深为 1 m 左右,其底部应垫以底盘或块石,并应与撑杆垂直。撑杆与电杆的接合,采用 63 mm×6 mm 角钢制成的支撑支架和直径 16 mm 的螺栓 4 根固定,每根螺栓的两侧都应垫上垫圈。

(3)普通拉线结构

目前,配电线路已少用木杆、心形环、地横木等,一般多采用钢绞线、楔形线夹、拉线盘等新材料，使拉线的强度和寿命得到进一步改善，也使安装、调整过程简单化。杆塔的拉线一般由下列元件构成：拉线抱箍、延长环、楔形线夹（俗称上把）、镀锌钢绞线、UT 形线夹（俗称下把或底把）、拉线棒和拉线盘。拉线绝缘子距地面不应小于 2.5 m，防止人触及拉线上把。

《35 kV 以下架空电力线路施工及验收规范》规定，镀锌钢绞线不得小于 GJ-25 型；拉线棒应用直径不小于 16 mm 的热镀锌圆钢制成。拉线盘的埋设深度和方向应符合设计要求，拉线棒与拉线盘应垂直，拉线棒与拉线盘通过 U 形螺栓连接，连接处应采用双螺母，拉线棒外露地面部分的长度应为 500～700 mm。

（4）拉线金具

拉线金具实物图如图 1.13 所示。

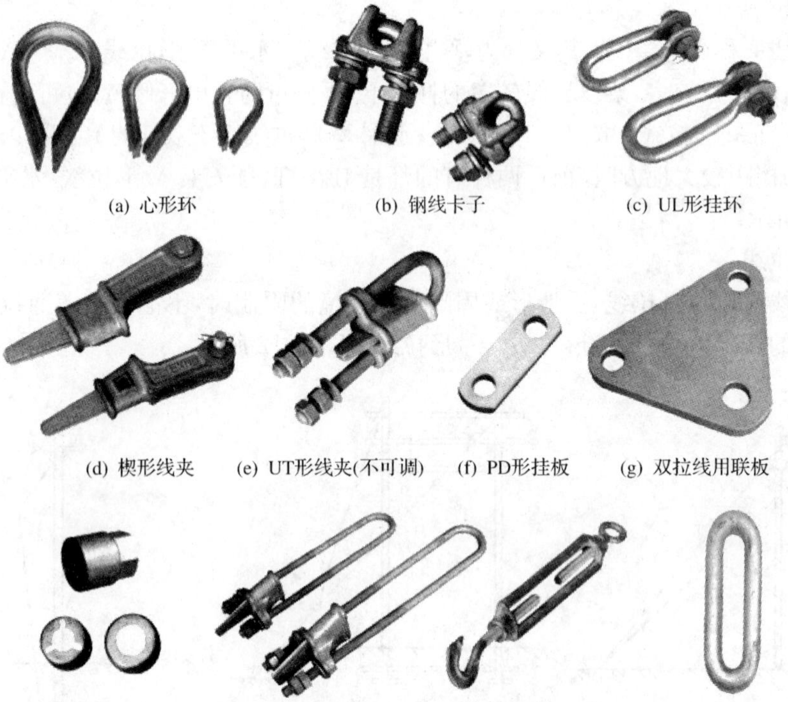

(a) 心形环　(b) 钢线卡子　(c) UL形挂环

(d) 楔形线夹　(e) UT形线夹(不可调)　(f) PD形挂板　(g) 双拉线用联板

(h) 防盗帽及专用工具　(i) UT形线夹(可调式)　(j) 花篮螺栓　(k) 延长环

图 1.13　拉线金具实物图

（5）拉线基础施工

1）拉线坑测量

用卷尺测量拉线抱箍至地面的距离；用经伟仪测定拉线方向；用卷尺测定拉线坑到杆塔的距离（与拉线抱箍至地面的距离相等），打好坑位桩，复测至少两遍且无误差后，钉辅助桩，画坑口线。

2）拉线坑挖掘

按《电力建设安全工作规程》要求挖坑。注意随时校正坑位和坑道方向，拉线坑底与坑道垂直呈 45°斜坡。

3）拉线地锚安装

①组装地锚。将拉线盘、U 形拉环、垫板及地锚拉杆组装成一体，注意连接处应采用双

螺母。

②将拉线盘入坑,使地锚拉杆与设计拉线在同一条直线上,且拉线棒外露地面部分的长度为 500～700 mm。之后在保证拉线棒位置不变的情况下,调整坑底坡度,使拉线盘垂直于拉线棒,最后固定好拉线地锚。

③回填。清除回填土中的树根杂草,每填入 500 mm 厚即夯实一次。回填时还应随时注意拉线棒的位置不能变动,回填后的坑位应有防沉土层,其培土高度应高出地面 300 mm,土台上部面积应大于原坑口。

(6)拉线的制作与安装

普通拉线安装示意图如图 1.14 所示。

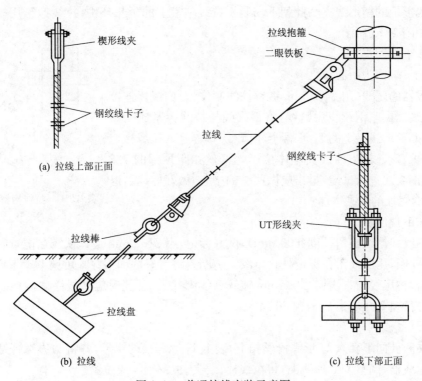

(a) 拉线上部正面   (b) 拉线   (c) 拉线下部正面

图 1.14 普通接线安装示意图

1)测量拉线长度

一人防护,一人带圈尺登至杆上拉线抱箍处,固定好安全带,手拿圈尺端头,放下卷尺,另一人接圈尺拉至拉线棒处,拉直圈尺测所需拉线的长度,并做好记录。

2)计算下料长

下料长度=测量值+上端回头长(300 mm)+下端回头长(600 mm)-两端线夹的长度。

3)下料

用卷尺在钢绞线上量出所需长度,用记号笔做好标记。在标记的两侧各量出 10 mm,用 ϕ1.2 mm 镀锌铁线分别绑扎 3～5 圈,用断线钳在标记处将钢绞线剪断。

4)制作上端回头

制作钢绞线回头前应量取回头的长度,一般上、下把回头露出金具出口的长度可取 300～500 mm,但同时要考虑位于金具内部的长度。所以,上端回头的制作是从钢绞线一端量出 400 mm,做一个标记。以标记为弯曲中心,一脚踩住主线,一手拉住钢绞线头,另一手控制钢绞线弯曲部位,将钢绞线线尾及主线弯成楔形线夹的楔子形,将钢绞线穿入楔形线夹,使回头(也称短头)从楔形线夹的凸肚侧穿出,钢绞线贴紧楔形线夹的楔子(俗称舌头),一手同时抓紧钢绞线主体和回头,另一手拿牢木锤,分开两腿、弯腰,双手外伸,用木锤又稳又准地敲击线夹本体,使楔子与线夹本体、楔子与钢绞线接触紧密,且受力后无滑动现象。将预留尾线与主线采用 φ3.2 mm 镀锌铁线绑扎,绑扎顺序为由线夹侧向尾线侧。要求绑扎紧密无缝隙,最小绑扎长度为 200 mm。铁丝两端头拧 3 个"麻花"并绞紧(注意不能超过尾线头),剪去余线后压置于两钢绞线中间。

5)安装拉线上端

将拉线上把的楔形线夹凸肚朝下安装于拉线抱箍上的延长环中,拉线抱箍用楔形线夹安装示意图如图 1.15 所示。

6)制作下端回头

①校验下端回头中心

将紧线器的尾线(用 φ4.0 mm 镀锌铁线制作)与拉线棒连接牢固,用紧线器夹紧钢绞线后紧线,将钢绞线与拉线棒紧成一条直线;拆下 UT 形线夹上的 U 形螺栓,把 U 形螺栓穿入拉线棒上部圆环内,再套入线夹,使夹主体位于螺杆丝扣距顶部的 1/2 处,同时与钢绞线进行试配,量出应做回头的中心,做好标记。退出套入 U 形螺栓的线夹主体。

②制作下端回头

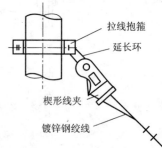

图 1.15　拉线抱箍用楔形线夹安装示意图

量出钢绞线尾线预留长度(600 mm),做好标记,用 φ1.2 mm 镀锌铁线在记号内侧 10 mm 处绑扎 3~5 圈,用断线钳在标记处将钢绞线剪断。将弯好的回头穿入可调 UT 形楔形线夹中敲打好之后,将尾线与主线用 φ3.2 mm 镀锌铁线绑扎紧,绑扎时应从线夹侧向尾线侧先密缠 150 mm,再花缠 250 mm,后密缠 80 mm。

7)安装下端

将线夹凸肚向下套入 U 形螺栓丝扣上,装上 U 形螺栓的螺母,并将两边螺杆螺母对应拧紧。拆掉紧线器,调整 UT 形线夹,将拉线棒、线夹、镀锌钢绞线拉紧。

(7)拉线安装的工艺要求

1)拉线盘的埋设深度和方向应符合设计要求。拉线棒与拉线盘应垂直,拉线棒与拉线盘通过 U 形螺栓连接,连接处应采用双螺母,拉线棒外露地面部分的长度应为 500~700 mm。

拉线坑应有斜坡,回填土时应将土块打碎后夯实,拉线坑应设防沉土层。

2)拉线安装应符合下列规定

①安装后对地平面夹角与设计的允许偏差。35 kV 架空电力线路不大于 1°;10 kV 及以下架空电力线路不大于 3°;特殊地段应符合设计要求。

②承力拉线应与线路中心线对正;分角拉线应与线路分角线对正;防风拉线应与线路方向垂直。

③跨越道路的拉线,应满足设计要求,且对通车路面边缘的垂直距离不应小于 5 m。

④当采用 UT 形楔形线夹及楔形线夹固定安装时,安装前丝扣上应涂润滑剂;拉线应与线

夹舌板接触紧密,受力后无滑动现象,线夹凸肚应在尾线侧,安装时不应操作线股;拉线弯曲部分不应有明显松股,拉线断头处与拉线主线应固定可靠,线夹处露出的尾线长度应为 300～500 mm,尾线回头后与本线应绑扎牢固。

1.1.2　登杆的相关知识

登杆工具有脚扣和脚踏板(又叫登高板)。

(1)脚扣登杆

脚扣如图 1.16 所示,是一种供登水泥电杆作业用的登高安全工具,每副由左右两只脚扣组成,每只脚扣主要由活动钩、扣体、踏盘、顶扣、扣带和防滑橡胶垫组成。

图 1.16　脚扣

脚扣登杆是利用杠杆原理,借助人体自身重量,使脚扣紧扣在电线杆上,产生较大的摩擦力,从而使人易于攀登的。抬脚时,因脚上承受重力减小,扣自动松开。

1)脚扣登杆前的检查

①使用前须仔细检查脚扣有无断裂、锈蚀现象,脚扣所有螺丝是否齐全,脚扣皮带是否牢固可靠,调节是否灵活,焊口有无开裂、有无变形。脚扣皮带如有损坏,不得用绳子或电线替代。凡是有问题者均不得使用。

②一定要按电杆的规格大小选择合适的脚扣。水泥杆脚扣可用于木杆,但木杆脚扣不可用于水泥杆。

③检查安全带外观及保险装置是否完好,并对安全带各部件逐一做冲击试验。

④检查电杆根应牢固,杆身无纵向裂纹,横向裂纹符合要求。

2)脚扣登杆时的要求

①雨天或冰雪天不宜用脚扣登水泥杆。

②穿脚扣时,脚扣带的松紧要合适,防止脚扣在脚上转动或滑脱。

③根据电杆的粗细调节脚扣的大小,使脚扣牢靠地扣住电杆。

④系好安全带,安全带应系在腰带下方,臀部上面,松紧要合适。

⑤只有当一脚踏实,身体重心移至该脚后,另一只脚才可抬起上移一步,手也才可随着向上移动,手脚移动要协调。

⑥上下杆或杆上作业时,人体的重量始终要加在脚扣上。手扶杆的目的只能是维持身体平衡,防后倒。绝对不允许双手抱杆,否则会造成滑落事故。

(2)脚踏板登杆

脚踏板又称登高板。白棕绳登高板如图 1.17 所示,是一种供登水泥电杆作业用的登高安全工具。登高板由脚板(一般由木板制成)、绳索(一般由多股白棕绳或尼龙绳)、铁钩组成。

绳的长度应与使用者的身材相适应,一般在一人一手长左右。登高板和绳均应能承受 150 kg 的重量。

两只登高板组成一副登高板,它的优点是作业人员可站立时间长、稳、安全、灵活。它的缺点是攀登动作慢。

图 1.17　白棕绳登高板

1)脚踏板登杆前的检查

①使用前须仔细检查登高板有无裂纹或腐朽,绳索有无断股。

②根据个人高度选择绳长合适的登高板。

③检查安全带外观及保险装置是否完好,并对安全带各部件逐一做冲击试验。

④检查电杆根应牢固,杆身无纵向裂纹,横向裂纹符合要求。

2)脚踏板登杆的注意事项

①登高板挂钩时必须正钩,如图 1.18 所示,钩口向外、向上,切勿反钩,以免造成脱钩事故。

②登杆前,应先将登高板钩挂好,使登高板离地面 15～20 cm,用人体做冲击载荷试验,检查登高板有无下滑,是否可靠。

③为了保证杆上作业时人体平稳,不使登高板摇晃,站立时两腿前掌内侧应夹紧电杆。

图 1.18　正钩

1.2　施工前的准备

1.2.1　登杆训练

(1)登杆前准备

1)检查脚扣或登高板和电杆是否完好。

2)做好安全防护措施。

3)正确佩戴安全带,穿好脚扣,脚扣带松紧合适,脚成外八字。

4)调整脚扣大小至能紧扣电杆。

5)前脚掌上翘,脚后跟下压。先钩后踩,对两只脚扣分别做人体冲击试验;对登高板、安全带做冲击载荷试验。

6)防护人到位。

(2)登杆

1)脚扣登杆与下杆操作要领

①正确佩戴安全带,穿好脚扣,脚扣带松紧合适,脚成外八字。

②调整脚扣大小,以脚扣能紧扣电杆为好。

③使用脚扣时必须掌握一定的角度和正确的出力方向。前脚掌上翘,脚后跟下压。先钩后踩登上电杆一步后,使整个人体重量以冲击的速度加在该脚的脚扣上,若无问题再换另一只脚做脚扣的冲击试验。当试验证明两只脚扣都完好时,即可进行登杆作业。

④两手上下扶住电杆,上身离开电杆,臀部向后下方坐,使身体成弓形。左脚向上跨扣,左手应同时向上扶住电杆;右脚向上跨扣,右手应同时向上扶住电杆。一脚踏实后,身体重心移至该脚后,另一只脚才可抬起,再向上移动。

⑤上到作业点位置时,一只脚扣紧脚扣,另一只脚将其脚扣交叉于已扣紧的脚扣之上并登紧脚扣,使两脚处于同一个水平面上,同时受力。如果作业位置有固定物如横担等,则将安全带绕电杆固定于固定物之上。具体做法是:一手上扶电杆,一手握住安全带的保险绳(也叫围杆带),挂钩绕到横担上电杆后挂于上扶电杆之手侧,再换手上扶电杆,将挂钩挂在腰带的另一侧钩环中,并将保险装置锁住即可。如工作处电杆上无固定物,则将安全带固定于电杆主杆上。具体做法是:一手上扶电杆,一手握住安全带的保险绳(也叫围杆带),挂钩绕到电杆后挂于上扶电杆之手臂上,再换手上扶电杆,将挂钩挂在腰带的另一侧钩环中,并将保险装置锁住。如作业安全带的保险绳太长,可将其在电杆上绕两圈。系好安全带后,先一手抓安

全带的保险绳,再将上扶电杆也抓在保险绳上,身体慢慢后靠至安全电受力,即可放开双手进行杆上作业。

⑥下杆时要手脚配合向下移动身体,动作与登杆时相反。

2)脚扣登杆时的安全注意事项

①登杆前仔细检查各项登高器具的好坏,防止因器具损坏而引发事故。

②登杆时现场必须有人监护。

③上、下杆的每一步都必须使脚扣与电杆之间完全扣牢,且脚扣之间不许相搭,防止出现滑杆及其他事故。

④登拔梢杆时,应适当调整脚扣,若要调左脚扣,应左手扶电杆右手调;若要调右脚扣,应右手扶电杆左手调脚扣。

⑤快到杆顶时,要注意防止横担碰头,到达工作位置后,将脚扣扣牢蹬稳,在电杆的牢固位置处系好安全带,即可开始工作。

⑥登杆作业时,电杆下不得站人,防止东西坠落。

3)登高板登杆操作

①对登高板做人体冲击载荷试验。

②先把一只登高板挂钩在电杆上,高度以操作者能跨上为宜,另一只登高板挂在肩上。

③用力使人体上升,待人体重心转到右脚后,左手即向上扶住电杆。当人体上升到一定的高度时,松开右手并向上扶住电杆,使人体立直,将左脚绕过单根棕绳踏入木板内。

④待人体站稳后,在电杆上方挂另一只登高板,然后右手握住挂钩端的双根棕绳,并用大拇指顶住挂钩,左手握住左边贴近木板的单根棕绳,将左脚从下登高板左边的单根棕绳内退出,踏在正面下登高板上。接着将右脚跨上登高板,手脚同时用力使人体上升。

⑤当人体离开下面一只登高板时,需要把下一只登高板解下,此时左脚必须抵住电杆,以免人体摇晃不稳。重复上述各步进行攀登,直到需要高度。

⑥下杆时,人体站稳在一只登高板上(此时左脚是绕过单根棕绳踏入木板内的),把另一只登高板钩挂在下方电杆上。

⑦将左手握挂上登高板的左端棕绳,同时左脚用力抵住电杆,以防登高板滑下和人体摇晃。

⑧双手紧握上登高板的两端棕绳,左脚抵住电杆不动,人体逐渐下降,双手也随人体的下降而下移紧握棕绳的位置,直至贴近上登高板,此时人体呈后仰,同时右脚从上登高板中退下,使人体不断下降,直至右脚踏到下登高板。

⑨把左脚从上登高板退出,人体贴近电杆站稳,左脚下移并绕过左边棕绳踏到下登高板上。以后步骤重复进行,直至操作者着地为止。

⑩着地后,松开挂钩,整理绳索。

1.2.2 人员分工

人员分工见表1.11。

1.2.3 所需工机具

所需工机具见表1.12。

1.2.4 所需材料

所需材料见表1.13。

表1.11 人员分工

序号	项 目	人数	备 注
1	安全防护	1	—
2	拉线制作安装	3	—

表 1.12 所需工机具

序号	名称	规格	单位	数量	备注
1	电工工具	—	套	2	—
2	基础施工工具	—	套	1	—
3	经纬仪	—	台	1	—
4	断线钳	大号	把	1	—
5	紧线器	—	套	1	—
6	木手锤	1.5 kg	个	1	—
7	卷尺	10 m	把	1	—
8	吊绳	$\phi12$ mm,$L=10$ m	根	1	—
9	脚扣	—	副	1	—
10	工具带	皮	副	1	—
11	记号笔	中号	支	1	—

表 1.13 所需材料

序号	名称	规格	单位	数量	备注
1	镀锌钢绞线	GJ-35	m	—	按需量取
2	楔形线夹	—	套	1	—
3	拉线抱箍	—	套	1	—
4	延长环	—	个	1	—
5	UT形线夹	可调式	套	1	—
6	镀锌铁线	$\phi1.2$ mm	m	—	按需量取
7	镀锌铁线	$\phi3.2$ mm	m	—	按需量取
8	拉线棒	—	根	1	—
9	U形螺栓+拉线盘	—	套	1	—

1.2.5 材料检查

(1)检查钢绞线的股数、直径、镀锌层等,不得有缺股、松股、交叉、折叠、硬弯、断股及锈蚀等缺陷。

(2)检查拉线线夹及连接金具等是否符合设计要求,拉线金具不得有裂纹、砂眼、气孔、锌皮脱落、锈蚀等缺陷。

2 引导问题

2.1 独立完成引导问题

2.1.1 填空题

(1)脚扣登杆是利用杠杆原理,借助_____重量使脚扣紧扣在电线杆上,产生较大的摩擦力,从而使人易于攀登的。抬脚时因脚上承受重力_____,脚扣自动松开。所以,登杆时严禁_____杆,以防因加在脚扣上面的重力减少而松动,从而造成滑落事故。

(2)安全带应系在腰带_____方,臀部_____面,松紧要合适。

(3)脚扣的使用技巧是:脚成_____八字,前脚掌上_____,脚后跟下_____,先_____后_____。

(4)登杆时现场必须有人_____。

(5)登拔梢杆时,应适当调整脚扣,若要调左脚扣,应_____手扶电杆_____手调;若要调右脚扣,应_____手扶电杆_____手调脚扣。

(6)快到杆顶时,要注意防止_____碰头,到达工作位置后,将脚扣扣牢蹬稳,在电杆的牢固位置处系好_____,即可开始工作。

(7)登高板挂钩时必须正钩,钩口向_____、向_____,切勿反钩,以免造成脱钩事故。

(8)请找出右图中存在的问题。

问题1:

问题2:

问题3：

(9)安装拉线的目的是为了平衡杆塔上的_____力。从力学上分析,拉线与杆塔的夹角越大,拉线的水平分力就越大,拉线所需承受的_____力就越小,所以,拉线与杆塔的夹角应越_____越好;而从占地面积和经济性方面来讲,拉线与杆塔的夹角越小,占地面积越小,则拉线与杆塔的夹角越_____越好。综合以上两方面,拉线与杆塔的夹角一般应为_____。

承力拉线应与线路方向的_____线对正;分角拉线应与线路_____线方向对正;防风拉线应与线路方向_____。

(10)请写出下图所示金具的名称。

_____　_____　_____　_____

_____　_____　_____

_____　_____　_____

(11)请写出下图各部件的名称,并将其填入右表之中。

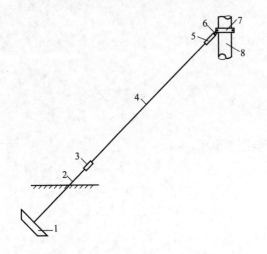

编号	名　　称
1	
2	
3	
4	
5	
6	
7	
8	

(12)拉线棒与拉线盘应_____,连接处应采用_____螺母,其外露地面部分的长度应为_____mm。拉线坑应有斜坡,回填土时应将土块打碎后夯实。拉线坑宜设_____层。

(13)计算下料长度应是测量长度加_____的长度,减_____的长度。

(14)用断线钳剪断钢绞线前,必须先在断线标记两侧各量出_____mm,用 φ1.2 mm 的_____线,分别绑扎_____圈。

(15)制作回头时,线夹的凸肚应在_____侧。预留尾线与主线采用 φ3.2 mm 镀锌铁线绑扎,绑扎顺序由_____侧向_____侧。要求绑扎紧密无缝隙,拉线上端最小绑扎长度为_____mm,拉线下端最小绑扎长度为_____mm。安装拉线下端时应注意将线夹凸肚向_____套入 U 形螺栓丝扣上。

2.1.2 选择题

(1)普通拉线与电杆的夹角一般采用( )。

(A) 30° (B) 35° (C) 40° (D) 45°

(2)拉线材质以镀锌钢绞线为主,10 kV 及以下线路亦可采用( )镀锌铁线,底把均采用圆钢拉线棒。

(A) φ4 mm (B) φ6 mm (C) φ8 mm (D) φ10 mm

(3)10 kV 及以下电力线路,拉线盘的埋设深度,一般不应小于( )。

(A) 0.8 m (B) 1 m (C) 1.2 m (D) 1.5 m

(4)拉线弯曲部分不应有明显松股,拉线断头处与拉线主线应固定可靠,线夹处露出的尾线长度为( ),尾线回头后与本线应扎牢。

(A) 200~350 mm (B) 200~400 mm
(C) 250~500 mm (D) 300~500 mm

(5)拉线安装完毕,UT 形线夹或花篮螺栓应留有( )螺杆丝扣长度,以方便线路维修调整用。

(A) 1/2 (B) 1/3 (C) 1/4 (D) 1/5

2.1.3 计算题

已知拉线对电杆夹角为 60°,拉线挂点距地面 13 m,拉线盘埋深为 2.8 m,求拉线坑中心至电杆的距离及拉线长度?

2.1.4 问答题

(1)请简述脚扣登杆的操作要点和安全注意事项。

(2)减小预制拉线长度误差的方法有哪些？下料长度与拉线测量长度间有什么样的关系？

(3)为什么在制作回头时,线夹的凸肚要在尾线侧？为什么不能用钳子或活动扳手将楔子与线夹本体敲紧？

2.2 小组合作寻找最佳答案

采用扩展小组法,完成引导问题答案对照表,格式见书末附表 1。

2.3 与教师探讨

重点对答案对照表中打"☑"的问题,特别是 4 对 4 讨论结果中打"×"的问题进行探讨。

3 计划决策

独立填写领料单、人员分工表,缩写立杆方案;小组合作讨论共同填写小组领料单,小组人员分工表,确定整体组立直线中间杆之施工方案。

4 任务实施

4.1 施工前关键技能训练

4.1.1 脚扣登杆训练

(1)根据脚扣登杆要求进行 1 m 高上、下杆训练。脚扣登杆训练图 1 如图 1.19 所示,直至规范、熟练。要求进行 1 m 高上、下杆训练是因为初次登杆者对脚扣的使用技巧还不能完全掌握,容易出现掉脚扣现象,同时由于恐惧,容易抱杆,且上杆容易,下杆难。会上,不一定会下,所以,初学者在未达到要求前,登杆时绝不允许超过 1 m 高。

(2)根据脚扣登杆要求进行 3 m 高上下杆和杆上系安全带训练,直至规范、熟练。当 1 m 高上、下杆规范、熟练之后,经指导老师认可后方可进行 3 m 高上、下杆,这主要是为了让登杆者的心理和体力都有一个适应过程。要求操作者上至 3 m 高后,双脚扣交叉,两脚处于同一个水平面上,同时受力。将安全带在电杆上系好后,身体后靠(若安全带较长,可在电杆上绕两圈),解放双手。脚扣登杆训练图 2 如图 1.20 所示。

(3)根据脚扣登杆要求进行登杆顶简单作业训练。只有当 3 m 高上、下杆和杆上系安全带没问题,且可在 3 m 高处双手不扶杆 1 min 后,方可进行登杆顶简单作业。要求操作者带着卷尺上至杆顶后,双脚扣交叉,双脚同时受力。并将安全带系于拉线抱箍之上,与地面人员合作,测量拉线抱箍之至拉线棒的距离。脚扣登杆顶训练如图 1.21 所示。

4.1.2 登高板登杆训练

按照登高板登杆操作要求进行 1 m 高上、下杆训练。登高板登杆训练如图 1.22 所示。一定要注意,袖子不能挽起。

| 图 1.19　脚扣登杆训练图 1 | 图 1.20　脚扣登杆训练图 2 | 图 1.21　脚扣登杆顶训练 | 图 1.22　登高板登杆训练 |

4.2　拉线安装施工前准备

(1)工作负责人召集全组人员进行"二交三查"。

1)交待工作任务,交待易出错点及预防措施。

2)检查全组工作人员是否戴安全帽、是否规范着装(穿工作服、工作胶鞋、戴手套)。

3)检查安全带是否完好,是否系好。

4)检查工器具是否完好和齐全。

(2)以工作组为单位领取工器具材料。

4.3　施工操作

4.3.1 拉线基础施工

(1)测量确定拉线坑位置。特别提示:测量要认真,每人负责测一遍,无误后方可钉辅助桩,画坑口线。

(2)拉线坑挖掘。特别提示:一要注意安全;二要随时校正坑位和坑道方向;三要使拉线坑底应有 45°斜坡与坑道垂直。

(3)拉线地锚安装。特别提示:拉线棒与拉线抱箍上挂延长环的螺栓在同一条直线上,拉线棒与拉线盘垂直。回填土时拉线棒的位置绝不能变动。回填时应用碎土分层后夯实,并设防沉层。

4.3.2 拉线制作安装

(1)测量拉线长度。

测量拉线时需填写下表:

项　　目	设计值(mm)	实测值(mm)	误差原因
拉线抱箍之螺栓至地面的距离			
电杆拉线侧至拉线棒出土点的距离			
拉线抱箍之螺栓至拉线棒出土点的距离			

(2)计算下料长度。

计算下料长度时需填写下表：

拉线棒外露长度	可调 UT 形线夹长度	延长环长度	下料长度	上端回头长度	下端回头长度

特别提示：测量要认真，计算要准确，下料前要先做标记，并对标记两边进行绑扎。

(3)制作拉线。

特别提示：

1)制作回头时一定要控制好弯曲点。

2)弯曲过程不可使力过大，可反复多次使其达到要求。

3)钢绞线弹力较大，弯曲时一定要抓稳，且对面不能有人。

4)用木手锤敲击时，应弯腰，双手外伸，要用力，要稳、准。

制作好后的拉线长度为：_____ mm（含拉线金具，UT 形线夹调于可调丝扣的中间），与实测值的误差为：_____ mm。

误差处理方案（请学生思考并填入空白处）：

(4)安装拉线。特别提示：做好上端回头后，做下端回头前要先进行预安装或再测量，以进一步保证拉线安装长度的准确性。

(5)调整拉线。特别提示：通过调整 UT 形线夹的可调螺丝让拉线拉直即可。拉线安装完成后，请填下表。

项 目	设计值(mm)	实测值(mm)	误差原因
UT 形线夹可调丝扣外露长度			
上端回头的长度			
下端回头的长度			

(6)清理现场，结束作业。特别注意：文明施工，做好环保。

5 检查

(1)根据实际情况填写任务完成情况表。

(2)对施工过程中出现的问题进行分析，并填写施工问题分析表。

6 总结评价

每人对施工过程进行总结，小组合作完成汇报文稿。请各组根据任务完成过程，通过讨论填写评价表。

学习子情境 4 绝缘导线架设

学习情境描述

为配电线路演练场架设绝缘导线三相，导线水平排列。

学习目标

1. 了解导线的作用、绝缘导线的类型、结构和优点,知道团队协作的重要性。

2. 会搜集绝缘导线架设方面的资料。

3. 能编制出最佳的(省工、省料、误差小)施工工序,能举一反三。

4. 能够正确使用架线的工器具。

5. 能按规程要求进行放线操作,达到规范要求的质量标准。

6. 了解导线架设组织措施、安全措施、技术措施和劳动保护措施。

7. 养成安全、规范的操作习惯和良好的沟通习惯。

学习引导

快速完成任务流程:

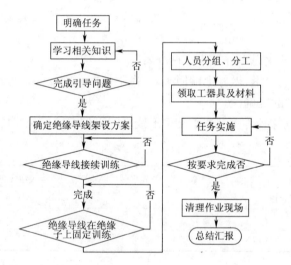

1 相关知识

1.1 基础知识

架空绝缘配电线路是指导线用耐候型绝缘材料作为外包绝缘,在户外架空敷设的配电线路。

1.1.1 架空绝缘导线的作用及常用材料

(1)架空绝缘导线的作用

导线是架空线路的主要组成部分,它担负着传递电能的作用。绝缘层可减少线路相间距离,降低对线路支持件的绝缘要求,提高同杆线路回路数,同时可以防止外物引起的相间短路。

(2)架空绝缘导线的材料

1)线芯

架空绝缘导线有铜芯、铝芯及铝合金芯。在配电线路中,铝芯绝缘导线应用比较多,主要是铝材比较轻,而且较便宜,对线路连接件和支持件的要求低,加上原有的配电线以钢芯铝绞线为主,选用铝芯线便于与原有网络的连接。

2)绝缘材料

绝缘导线就是将绝缘材料按其耐受电压程度的要求,以不同的厚度包裹在导体外面,起着使导线与外界隔绝的作用。绝缘导线在通电以后,会有发热现象,因此,比较理想的绝缘材料应有良好的绝缘和热导电性能,应该在耐热、抗老化、机械性能等方面具有良好的优越性。

架空绝缘导线的绝缘保护层有厚绝缘(3.4 mm)和薄绝缘(2.5 mm)两种。厚绝缘的保护层运行时允许与树木频繁接触,薄绝缘的保护层只允许与树木短时接触。

绝缘导线所采用的绝缘材料一般为耐气候型聚氯乙烯、聚乙烯、高密度聚乙烯、交联聚乙烯等,属于黑色混合物,其主要性能见表 1.14。

表 1.14　架空配电线路导线绝缘材料主要性能表

材料性能 项目		交联聚乙烯 (XLPE)	聚乙烯 (PE)	聚氯乙烯 (PVC)	橡胶	三元乙丙橡胶 (EPDM)
电气性能	击穿电场强度(kV/mm)	35	20	20	20～30	35
	相对介电常数(20 ℃)	2.35	2.11	3～3.5	3～7	3.2
	介质损失角正切(20 ℃时,tanδ)	0.001	0.000 2～0.000 4	0.02～0.05	0.02～0.1	0.004
机械性能	抗张强度(最小,N/mm²)	14.5	10.0	12.5	3～13	18
	伸长率(最小,%)	400	300	150	300～600	300
	耐磨性	良	良	良	—	良
物理性能	最高长期允许工作温度(℃)	90	70	70	60	80～90
	最低温度(℃)	−50	−50	−12～−40	−60	−40
	软化温度(℃)	200～220	105～115	120	—	—
	密度(g/cm³)	0.92	0.92	1.4	1.2～1.6	0.86
	耐候性	优	优	优	差	优
	耐热老化性	良	良	可	可	良
	耐寒性	优	优	优	良好	优
	耐燃性	不阻燃	不阻燃	阻燃	不阻燃	—
	耐酸性	优	优	优	良	良

注:高密度聚乙烯最高长期允许工作温度为 75 ℃。

在我国,由于交联聚乙烯生产线和工艺的普及,低压绝缘导线和低压接户线也大量采用交联聚乙烯绝缘导线。

1.1.2　绝缘导线的类型和结构

绝缘导线在结构上分为单芯、三芯(或多芯)互绞成束的两种,后者也称作架空成束导线(ABC 系统)。按电压等级分,以低压的(1 kV 及以下的)、中压的(10～20 kV)应用最普遍。

(1)低压线

各国发展的 ABC 系统(低压或高压导线互绞在一起,成束架设)主要有以下两种类型:

1)中性线承载式

基本结构为相线采用铝导线,中性线采用铝合金线作为整体的承载索。

2)整体承载式

相线与中性线采用相同截面铝导线,共同承担架设时的张力。目前,多用整体承载式。

ABC 系统的特点是线芯都是紧压型,绝缘都为交联聚乙烯,各相导线绝缘层表面都用不同数量的径向突条作为相色辨别标志。

(2)中压线

中压绝缘导线 ABC 系统的 3 个线芯是互绞在一起的,所以需要有绝缘屏蔽层,绝缘屏蔽层使导线终端及支接头结构变得比较复杂。因此,中压绝缘配电线路一般采用分相架设方式。

1)分相架设

单根导线由绞合形紧压的铝或铝合金线芯、半导体屏蔽层和黑色耐候型交联聚乙烯 3 部分组成。

2)紧凑型架空绝缘线路

三相导线固定在按一定间隔配置的分隔器上,其顶端挂于承力索上,承力索在每一电杆都应接地。这种装置形式使导线的间距更为压缩,而接地的承力索又可改善线路的防雷性能。

以上两种的优点是:各类接头和端部都非常简单,一般只要做到防水和绝缘即可。

3)中压 ABC 系统

中压 ABC 系统的架空绝缘导线分为金属屏蔽型和非金属屏蔽型。

中压架空绝缘导线的架设方式,既可以吊在钢索上成束架设,也可以如传统的裸导线方式架设,但目前多采用分相架设方式。

10 kV 架空绝缘线路,其绝缘线主要采用交联聚乙烯绝缘。其中有两种型号:一种是铜芯交联聚乙烯绝缘线 XLPE 线;另一种是铝芯交联聚乙烯绝缘线 XPE 线。

10 kV 架空分相绝缘导线的结构由绞合圆形紧压线芯、半导体屏蔽层和黑色交联聚乙烯 3 部分组成。

架空绝缘线路的档距不宜大于 50 m,耐张段的长度不宜大于 1 km。架空绝缘线路的线间距离应不小于 0.4 m,采用绝缘支架的紧凑型架设不应小于 0.25 m。

1.1.3 导线的排列

分相架设的中压绝缘线三角排列、水平排列、垂直排列均可,中压绝缘线路可单回路架设,也可多回路同杆架设。导线与避雷线在杆塔上的排列如图1.23所示。

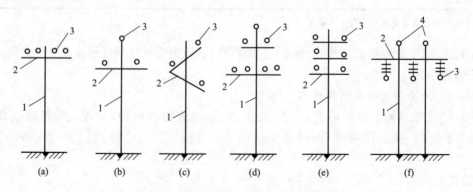

图 1.23 导线与避雷线在杆塔上的排列

1—电杆;2—横担;3—导线;4—避雷线

图中,(a)、(f)为水平排列;(b)、(c)为三角形排列;(d)为三角、水平混合排列;(e)为垂直排列。

集束型低压架空绝缘导线宜采用专用金具固定在电杆或墙壁上;分相敷设的低压绝缘线宜采用水平排列或垂直排列。

城市中、低压架空绝缘线路在同一地区同杆架设,应是同一区段电源。

分相架设的低压绝缘线排列应统一,零线宜靠电杆或建筑物,并应有标志,同一回路的零线不宜高于相线。

低压路灯绝缘线在电杆上不应高于其他相线或零线。

沿建筑物架设的低压绝缘线,支持点间的距离不宜大于 6 m。

中、低压架空绝缘线路的档距不宜大于 50 m,中压耐张段的长度不宜大于 1 km。

中压架空绝缘配电线路的线间距离应不小于 0.4 m,采用绝缘支架紧凑型架设不应小于 0.25 m。

中、低压绝缘线路同杆架设时,横担之间的最小垂直距离和导线支承点间的最小水平距离见表1.15。

中压架空绝缘电线与 35 kV 及以上线路同杆架设时,两线路导线间的最小垂直距离见表1.16。

表 1.15　绝缘线路同杆架设时横担间最小垂直距离和导线支承点间最小水平距离

类　别	最小垂直距离(m)	最小水平距离(m)
中压与中压	0.5	0.5
中压与低压	1.0	—
低压与低压	0.3	0.3

表 1.16　中压架空绝缘电线与 35 kV 及以上线路同杆架设时的最小垂直距离

电压等级	最小垂直距离(m)
35 kV	2.0
60～110 kV	3.0

中压架空绝缘线路的过引线、引下线与邻相的过引线、引下线及低压线路的净空距离应大于或等于 0.2 m。

中压架空绝缘电线与电杆、拉线或构架间的净空距离不应小于 0.2 m。

低压架空绝缘导线与电杆、拉线或构架的净空距离不应小于 0.05 m。

1.1.4　架空绝缘线的敷设金具及附件

架空绝缘线的敷设一般有直线杆、转角杆和终端杆 3 种,其金具分悬挂金具、连接金具和终端金具。悬挂金具主要承受绝缘线的重量;连接金具用于线路中间承接和分支;终端金具主要承受绝缘导线张力。

1.2　绝缘导线架设前的准备

1.2.1　人员分工

人员分工见表1.17。

表 1.17　人员分工

序号	项　目	人数	备　注
1	工作负责人	1	—
2	操作	9	—

1.2.2　所需工机具

所需工机具见表1.18。

表 1.18 所需工机具

序号	名 称	规 格	单位	数量	备 注
1	断线钳	大号	把	1	—
2	卷尺	50 m	把	1	—
3	钢锯	—	套	1	—
4	平锉	—	把	1	—
5	电工刀	—	把	1	—
6	画线笔	—	支	1	—
7	吊绳	$\phi12$ mm;$L=10$ m	根	3	—
8	脚扣	—	副	3	—
9	开口塑料滑轮(或套有橡胶护套的开口铝滑轮)	—	套	1	$\phi_{滑轮}\geqslant12\phi_{导线}$
10	绝缘导线剥线钳	JKLYJ-10-50	把	1	—
11	网套(或面接触的卡线器)	—	套	1	—
12	绞磨(或卷扬机或紧线器)	—	台	1	线路短时可用紧线器
13	牵引绳	—	根	1	—
14	滑车组	—	套	1	—
15	弛度板	—	套	2	—
16	2 500 V 兆欧表	—	套	1	—
17	线轴架	—	台	1	—

注:开口塑料滑轮直径不应小于绝缘线外径的 12 倍,槽深不小于绝缘线外径的 1.25 倍,槽底部半径不小于 0.75 倍绝缘线外径,轮槽槽倾角为 15°。

1.2.3 所需材料

所需材料见表 1.19。

表 1.19 所需材料

序号	名 称	规 格	单位	数量	备 注
1	绝缘导线	JKLYJ-10-50	m	150	—
2	绝缘线耐张线夹	50 型导线用	个	—	—
3	低压针式绝缘子	—	个	3	—
4	低压蝶式绝缘子	—	个	3	—
5	绝缘黏带	—	卷	1	—
6	塑料铜线	直径不少于 2.5 mm	卷	1	—
7	绝缘护罩	JKLYJ-10-50 线端头用	个	6	非承力接头处用
8	悬式绝缘子	—	片	12	—
9	热熔胶	—	管	1	—
10	钳压管	—	根	1	—
11	液压管	—	根	1	—
12	预扩张冷缩绝缘套	—	根	1	—
13	镀锌铁线	$\phi1.2$ mm	m	1	绑扎导线端头
14	导电膏或中性凡士林	—	管	1	—
15	塑料或橡皮包带	—	圈	1	与网套配合使用

1.3　绝缘导线架设

1.3.1　放线

(1)放线程序及要求。选择气候干燥,无大风,气温正常的晴好天气放线。

1)放线前后用 2 500 V 兆欧表摇测绝缘导线的绝缘电阻,判断绝缘电阻是否达标、绝缘层是否损伤。

2)清理路径,消除障碍;清点和检查工具;选择适当地点架设线轴架。

3)在绝缘导线的牵引端安装牵引网套。

4)在横担上安装开口塑料滑轮或套有橡胶护套的开口铝滑轮。

5)一边放线一边逐档将导线吊放在滑轮内前进。

注意:在放线的过程中,放线速度要均匀,应力求使导线在展放过程中不发生磨损、凸肚、硬弯等。

(2)放线的安全要求介绍如下:

1)放线轴应设专人操作控制放线速度,防止导线跑偏、松脱,并检查导线外观质量。

2)在交叉跨越处及每隔三基杆的下方设信号人员,监视放线情况。如发现导线跳槽、放线滑轮转动不灵活、导线绝缘磨损等现象,应立即发出信号停止放线。

3)绝缘线不得在地面、杆塔、横担、瓷瓶或其他物体上拖拉,以防损伤绝缘层。架设绝缘线宜再进行。

1.3.2　绝缘导线的连接和绝缘处理

(1)绝缘线连接的基本要求

1)连接可靠,其接头电阻值不应大于相同长度导线的电阻值。

2)机械强度高,其接头的机械强度不低于导线机械强度的 80%。

3)耐腐蚀,接头应耐化学腐蚀和电化学腐蚀,以防长期运行中发生故障。

4)铜芯绝缘线与铝芯或铝合金芯绝缘线连接时,应采取铜铝过渡连接。

5)绝缘性能好,其接头的绝缘强度应不低于导线的绝缘强度。

6)绝缘线连接后必须进行绝缘处理。绝缘线的全部端头、接头都要进行绝缘护封,不得有导线、接头裸露,防止进水。

7)中压绝缘线接头必须进行屏蔽处理。

(2)绝缘线接头应符合的规定

1)线夹、接续管的型号与导线规格相匹配。

2)压缩连接接头的电阻不应大于等长导线的电阻的 1.2 倍,机械连接接头的电阻不应大于等长导线的电阻的 2.5 倍,档距内压缩接头的机械强度不应小于导体计算拉断力的 90%。

3)导线接头应紧密、牢靠、造型美观,不应有重叠、弯曲、裂纹及凹凸现象。

(3)承力接头的连接和绝缘处理

承力接头的连接采用钳压法、液压法施工,在接头处安装辐射交联热收缩管护套或预扩张冷缩绝缘套管(统称绝缘护套),其绝缘处理示意图如图 1.24～图 1.26 所示。

绝缘护套管径一般应为被处理部位接续管的 1.5～2.0 倍。中压绝缘线使用内外两层绝缘护套进行绝缘处理,低压绝缘线使用一层绝缘护套进行绝缘处理。

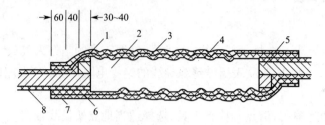

图 1.24　承力接头钳压连接绝缘处理示意图(mm)

1—绝缘粘带;2—钳压管;3—内层绝缘护套;

4—外层绝缘护套;5—导线;6—绝缘层倒角;7—热熔胶;8—绝缘层

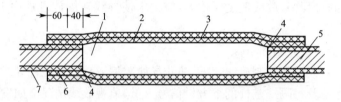

图 1.25　承力接头铝绞线液压连接绝缘处理示意图(mm)

1—液压管;2—内层绝缘护套;3—外层绝缘护套;

4—绝缘层倒角,绝缘粘带;5—导线;6—热熔胶;7—绝缘层

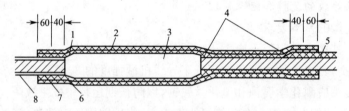

图 1.26　承力接头钢芯铝绞线液压连接绝缘处理示意图(mm)

1—内层绝缘护套;2—外层绝缘护套;3—液压管;

4—绝缘粘带;5—导线;6—绝缘层倒角,绝缘粘带;7—热熔胶;8—绝缘层

有导体屏蔽层的绝缘线的承力接头,应在接续管外面先缠绕一层半导体自黏带和绝缘线的半导体层连接后再进行绝缘处理。每圈半导体自黏带间应搭压带宽的 1/2。

1)钳压法施工

①将钳压管的喇叭口锯掉并处理平滑。

②剥去接头处的绝缘层、半导体层,剥离长度比钳压接续管长 60～80 mm。线芯端头用绑线扎紧,锯齐导线。

③将接续管、线芯清洗并涂导电膏。

④按表 1.20 规定的压口部位、压口尺寸、压口数和图 1.27 所示的压接顺序压接,压接后按钳压标准矫直钳压接续管。

⑤将需进行绝缘处理的部位清洗干净,在钳压管两端口至绝缘层倒角间用绝缘自粘带缠绕成均匀弧形,然后进行绝缘处理。

表 1.20 导线钳压口尺寸和压口数

导线型号		钳压部位尺寸			压口尺寸 D (mm)	压口数
		a_1 (mm)	a_2 (mm)	a_3 (mm)		
钢芯铝绞线	LGJ-16	28	14	28	12.5	12
	LGJ-25	32	15	31	14.5	14
	LGJ-35	34	42.5	93.5	17.5	14
	LGJ-50	38	48.5	105.5	20.5	16
	LGJ-70	46	54.5	123.5	25.5	16
	LGJ-95	54	61.5	142.5	29.5	20
	LGJ-120	62	67.5	160.5	33.5	24
	LGJ-150	64	70	166	36.5	24
	LGJ-185	66	74.5	173.5	39.5	26
铝绞线	LJ-16	28	20	34	10.5	6
	LJ-25	32	20	35	12.5	6
	LJ-35	36	25	43	14.0	6
	LJ-50	40	25	45	16.5	8
	LJ-70	44	28	50	19.5	8
	LJ-95	48	32	56	23.0	10
	LJ-120	52	33	59	26.0	10
	LJ-150	56	34	62	30.0	10
	LJ-185	60	35	65	33.5	10
铜绞线	TJ-16	28	14	28	10.5	6
	TJ-25	32	16	32	12.0	6
	TJ-35	36	18	36	14.5	6
	TJ-50	40	20	40	17.5	8
	TJ-70	44	22	44	20.5	8
	TJ-95	48	24	48	24.0	10
	TJ-120	52	26	52	27.5	10
	TJ-150	56	28	56	31.5	10

注:压接后尺寸的允许误差铜钳压管为±0.5 mm,铝钳压管为±1.0 mm。

2)液压法施工

①剥去接头处的绝缘层、半导体层,线芯端头用绑线扎紧,锯齐导线,线芯切割平面与线芯轴线垂直。

②铝绞线接头处的绝缘层、半导体层的剥离长度,每根绝缘线比接续管的 1/2 长 20~30 mm。

③钢芯铝绞线接头处的绝缘层、半导体层的剥离长度,当钢芯对接时,其一根绝缘线比铝接续管的 1/2 长 20~30 mm,另一根绝缘线比钢接续管的 1/2 和铝接续管的长度之和长 40~60 mm;当钢芯搭接时,其一根绝缘线比钢接续管和铝接续管长度之和的 1/2 长 20~30 mm,另一根绝缘

线比钢接续管和铝接续管的长度之和长 40~60 mm。导线钳压示意图如图 1.27 所示。

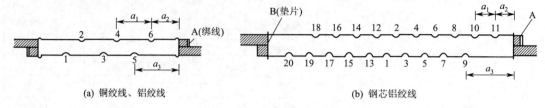

| (a) 铜绞线、铝绞线 | (b) 钢芯铝绞线 |

图 1.27　导线钳压示意图

注:数字 1、2、3…表示压接顺序。

④将接续管、线芯清洗并涂导电膏。

⑤按图 1.28~图 1.31 所示导线液压顺序压接。

⑥各种接续管压后压痕应为六角形,六角形对边尺寸为接续管外径的 0.866 倍,最大允许误差 S 为 $(0.866 \times 0.993D + 0.2)$ mm,其中 D 为接续管外径,三个对边只允许有一个达到最大值,接续管不应有肉眼看出的扭曲及弯曲现象,校直后不应出现裂缝,应锉掉飞边、毛刺。

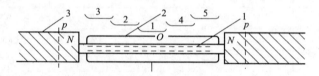

图 1.28　钢芯铝绞线钢芯对接式钢管的施压顺序
1—钢芯;2—钢管;3—铝线

图 1.29　钢芯铝绞线钢芯对接式铝管的施压顺序
1—钢芯;2—已压钢管;3—铝线;4—铝管

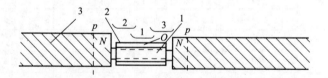

图 1.30　钢芯铝绞线钢芯搭接式钢管的施压顺序
1—钢芯;2—钢管;3—铝线

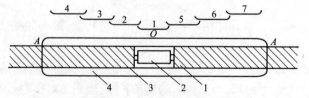

图 1.31　钢芯铝绞线钢芯搭接式铝管的施压顺序
1—钢芯;2—已压钢管;3—铝线;4—铝管

⑦将需要进行绝缘处理的部位清洗干净后进行绝缘处理。

3）辐射交联热收缩管护套的安装

①加热工具使用丙烷喷枪,火焰呈黄色,避免蓝色火焰。一般不用汽油喷灯,若使用时,应注意远离材料,严格控制温度。

②将内层热缩护套推入指定位置,保持火焰慢慢接近,从热缩护套中间或一端开始,使火焰螺旋移动,保证热缩护套沿圆周方向充分均匀收缩。

③收缩完毕的热缩护套应光滑无皱折,并能清晰地看到其内部结构轮廓。

④在指定位置浇好热熔胶,推入外层热缩护套后继续用火焰使之均匀收缩。

⑤热缩部位冷却至环境温度之前,不准施加任何机械应力。

4）预扩张冷缩绝缘套管的安装

将内外两层冷缩管先后推入指定位置,逆时针旋转退出分瓣开合式芯棒,冷缩绝缘套管松端开始收缩。采用冷缩绝缘套管时,其端口应用绝缘材料密封。

(4)非承力接头的连接和绝缘处理

1）非承力接头包括跳线、T接时的接续线夹(含穿刺型接续线夹)和导线与设备连接的接线端子。

2）接头的裸露部分须进行绝缘处理,安装专用绝缘护罩。

3）绝缘罩不得磨损、划伤,安装位置不得颠倒,有引出线的要一律向下,需紧固的部位应牢固严密,两端口需绑扎的必须用绝缘自黏带绑扎两层以上。

1.3.3　紧线

紧线是将展放在放线滑轮上的导线按照设计弧垂拉紧。

(1)紧线方法

1）单线法

单线法即一次紧一根线的方法。当导线截面较小且耐张段不长的情况下,可采用人力、畜力作为牵引动力。其施工方法简单,但施工进度慢,紧线时间较长。

2）二线法

二线法即一次同时紧两根线。

3）三线法

三线法即一次同时紧三根线。

二线法和三线法的优点是施工进度快,但需要的施工工具多,准备时间长,目前试验的效果也不是太好,所以,现场很少采用。

紧线的程序是:从上到下;先紧中间,后紧两边。

(2)紧线前的准备工作

1）确定紧线区段。

2）特种杆(耐张杆)上安装临时拉线。

3）全面检查导线的连接及补修质量。

4）确定观察弧垂档。

5）保证通信畅通。

(3)紧线

线路较长,导线 S(截面积)较大时,用绞磨或卷扬机;中小型铝绞线或钢芯铝绞线用紧线器。

1)在绝缘导线端头预留一定长度的尾线(做跳线用)包缠自黏绝缘胶带,其长度应大于卡入耐张线夹的长度。将缠有自黏绝缘胶带的导线与放线终端杆横担上预先安装好的耐张绝缘子串连接。

2)在另一端杆侧先用人力将导线收紧一些之后,在绝缘线上缠绕塑料或橡皮包带(防止卡伤绝缘层)后用网套(或面接触的卡线器)将导线与紧线牵引绳连接牢固,紧线牵引通过滑车组与牵引设备连接。

3)一切就绪后,开动牵引设备收紧导线,待导线接近观察弧垂时,减慢牵引速度,一边观察弧垂一边牵引。

4)确定观察弧垂档

紧线段在5档及以下时靠近中间选择一档;在6~12档时靠近两端各选择一档;在12档以上时靠近两端及中间各选择一档;观测档宜选择档距较大和悬挂点高差较小及接近代表档的线档;弧垂观测档的数量可以根据现场条件适当增加,但不得减少。

观测档位置应分步比较均匀,相邻观测档间距不宜超过4个线档;观测档应具有代表性,如连续倾斜档的高处和低处,较高的悬挂点的前后两侧,相邻紧线段的结合处,重要的跨越物附近的线档应设观测档;宜选择对邻线档监测范围较大的塔号做测站,不宜选邻近转角塔的线档做观测档。

5)观察弧垂

采用平行四边形法观察弧垂,又称等长法。将弧垂标尺分别自观测档的二悬挂点沿电杆向下量取现在气象条件下该档距的弧垂 f(一般可通过查表或查曲线取得)得两点,再将弛度板分别安置于此两点处。观察人员在杆上目测弛度板,在收紧导线时,当导线最低悬点与二弧垂板观察点在一条直线上时,即可停止紧线,导线的弧垂即为观察弛度 f。

6)如果只用一个观察档观察弧垂,为了使前后各档弧垂都符合设计要求值,紧线时可使观察弧垂等先略小于设计值,后再放松导线使弧垂略大于设计值,如此反复1或2次后,再收紧导线,使弧垂稳定在设计值。

7)待各档弧垂稳定后,停止牵引1 min后导线弧垂无变化,即可在导线上划印。

8)在操作杆塔上划印时,通常是从紧线钢丝绳量至挂耐张绝缘子串用的球头挂环的球头中心,以记号笔画线,再从印记处向两边包缠绝缘胶带,其长度应大于卡入耐张线夹的长。

9)在杆塔上的工作人员立即将导线的缠绝缘胶带处固定于耐张线夹中,耐张线夹组装完毕后,从耐张线夹后量出预留跳线的长度,即可剪断导线。之后将导线挂于杆塔上的悬式绝缘子下,松去紧线器。

10)调整永久性拉线,尽量使各条拉线张力相等。

(4)紧线的安全措施

1)紧线时,任何人不得在悬空的绝缘导线下停留,必须呆在导线20 m以外的地方。

2)收紧导线升空时,操作压线滑轮(放线过程中压上扬的导、地线),使导线慢慢上升,避免导线突然升空引起导线较大波动,发生跳槽现象。

3)在紧线过程中随时监视地锚、杆塔、临时拉线是否正常,如有异常现象,应立即停止紧线或回松牵引,以免发生倒杆断线事故。

4)工作人员未经工作领导人同意,不得擅自离开工作岗位。

(5)紧线注意事项

1)对于耐张段较短和弧立档,紧线时导线拉力较大,因此应严密监视各杆是否有倾斜变形现象,如发生倾斜应及时调整。

2)导线和紧线器连接时,导线如有走动,在放置紧线器时,可在导线上包上一圈包布,增加摩擦系数和握力。

3)当导线离地面后,如导线上挂有杂草、杂物等应立即清除;交通繁忙、行人频繁的地段、路口,应派专人监护,采用围红白带、围栏等措施,以免紧线时伤害行人或影响交通,甚至造成交通事故。

1.3.4 低压绝缘导线的固定

低压绝缘线垂直排列时,直线杆采用低压蝶式绝缘子;水平排列时,直线杆采用低压针式绝缘子;沿墙敷设时,可用预埋件或膨胀螺栓及低压蝶式绝缘子,预埋件或膨胀螺栓的间距以 6 m 为宜。低压绝缘线耐张杆或沿墙敷设的终端采用有绝缘衬垫的耐张线夹,不需剥离绝缘层,也可采用一片悬式绝缘子与耐张线夹或低压蝶式绝缘子。

如是直线杆,将低压绝缘导线从开口塑料滑轮中取出放于绝缘子侧槽内;如是直线转角杆,则将绝缘导线从开口塑料滑轮中取出放于绝缘子转角外侧槽内;如果是直线跨越杆,则边相导线固定在绝缘子外侧槽内,中相导线固定在约绝缘子右侧(单方向供电时面向电源方向,双向供电时按统一方向)。注意:导线本体不应在固定处出现角度。使用直径不小于 2.5 mm 的单股塑料铜线绑扎,具体操作方法如下:

(1)在绝缘导线上量出在绝缘子边槽上固定的位置。

(2)绝缘导线与绝缘子接触部分用绝缘自黏带缠绕,每圈绝缘黏带间搭压带宽的 1/2,缠绕长度应超出绑扎部位或与绝缘子接触部位两侧各 30 mm。

(3)把导线置于绝缘子边槽内。

(4)把绑线绕成卷,在绑线一端留出一段长为 250 mm 的短头,用短头在绝缘子左侧的导线上绑 3 圈,方向是从导线外侧经导线上方绕向导线内侧。

(5)将绑线从绝缘子颈部内侧绕到绝缘子右侧的导线上方,交叉压在导线上,并从绝缘子左侧导线的外侧,经导线下方绕到绝缘子颈部内侧,接着再绕到绝缘子右侧导线的下方,交叉压在导线上,再从绝缘子左侧导线上方,绕到绝缘子颈部内侧。此时,导线在绝缘子外侧形成一个十字交叉。

(6)把绑线绕到右侧导线上方,并绑 3 圈,方向是由导线上方绕到导线外侧,再到导线下方。

(7)最后,回到绝缘子颈部内侧中间,与绑线另一端的短头扭绞成 2～3 圈的麻花线,余线剪去,留下部分压平即可。

上述绑扎方法(单绑法)可概况为口诀是:量中划线缠胶带,绑线绕卷预留 250;短头左侧缠 3 圈,侧绑一个十字花;回到右侧缠 3 圈,扭辫剪余压平辫;从左至右右到左,绑线均走导线下方。

同样,对于受力或截面在 6 mm^2 以上的导线则需用"双绑法",即:短头左侧缠 3 圈,侧绑两个十字花;右 3 左 3 再左 3,扭辫剪余压平辫。

2 引导问题

2.1 独立完成引导问题

2.1.1 填空题

(1)绝缘导线架空配电线路是一种以_____材料做外包绝缘的,用于户外架空敷设的导线构成的架空配电线路。

(2)架空绝缘导线由于多了一层绝缘皮,有了较裸导线优越的绝缘性能,可减少线路相间_____,降低对线路支持件的绝缘要求,提高同杆线路回路数,可以防止外物引起的相间短路,有利于城镇建设和绿化工作,减少线下树木的修剪量。

(3)架空绝缘导线适用于人口_____繁华的地方,适用于树木生长较_____的地方,适用于盐雾污秽较_____的地方。

(4)架空绝缘导线的架设应选择在_____的天气进行,尽量避免在_____度较大的天气放线施工。

(5)放紧线过程中,应将绝缘导线放在_____滑轮或套有_____的铝滑轮内。

(6)放线时,宜采用_____牵引绝缘线,绝缘线不得在地面、杆塔、横担、瓷瓶或其他物体上拖拉,以防损伤_____。

(7)在放线的过程中,放线速度要_____,应力求使导线在展放过程中不发生磨损、凸肚、硬弯等。

(8)紧线段在 5 档及以下时,观察弧垂档应选择靠近_____一挡。

(9)紧线时,任何人不得在悬空的绝缘导线下停留,必须站在导线_____ m 以外的地方。

(10)绝缘导线在绝缘子上固定时应使用直径不应小于_____ mm 的单股_____线绑扎。

(11)绝缘导线与绝缘子接触部分应用_____缠绕,缠绕长度应超出绑扎部位或与绝缘子接触部位两侧各_____ mm。

2.1.2 选择题

(1)架空配电线路中,主要用于低压线路终端杆和承受较大拉力的耐张杆和转角杆上的绝缘子是( )绝缘子。

(A) 针式   (B) 蝶式   (C) 悬式   (D) 拉线

(2)架空配电线路中,主要用于所架设的导线截面不太大的直线杆和转角合力不大的转角杆上的绝缘子是( )绝缘子。

(A) 针式   (B) 蝶式   (C) 悬式   (D) 拉线

(3)架空配电线路中,( )绝缘子多用于各级线路的耐张杆、转角杆和终端杆上。

(A) 针式   (B) 蝶式   (C) 悬式   (D) 拉线

(4)双绑法用于受力瓷瓶的绑扎,或导线截面在( )以上的绑扎。

(A) 5 m^2 (B) 10 mm^2 (C) 15 mm^2 (D) 20 mm^2

(5)单绑法用于不受力瓷瓶或导线截面在( )及以下的绑扎。

(A) 4 mm^2 (B) 5 mm^2 (C) 6 mm^2 (D) 8 mm^2

2.1.3 问答题

(1)请简述低压绝缘导线在绝缘子上的绑扎口诀。

(2)绝缘导线连接有哪些基本要求?

(3)架设绝缘导线时的注意事项中最关键的是什么?应采取哪些具体措施来预防错误的产生?

2.2 小组合作寻找最佳答案

采用扩展小组法,引导问题答案对照表,格式见书末附表 1。

2.3 与教师探讨

重点对答案对照表中打"✓"的问题,特别是 4 对 4 讨论结果中打"×"的问题进行探讨。

3 计划决策

独立填写领料单、人员分工表,编写立杆方案;小组合作讨论共同填写小组领料单,小组人员分工表,确定整体组立直线中间杆之施工方案。

4 绝缘导线架设任务实施

4.1 施工前的关键技能训练

4.1.1 绝缘线承力接头的连接和绝缘处理

(1)绝缘线承力接头的连接

1)绝缘铝绞线的钳压连接

①将钳压管的喇叭口锯掉并处理平滑。

②剥去接头处的绝缘层、半导体层,剥离长度比钳压接续管长 60～80 mm。线芯端头用绑线扎紧,锯齐导线。

③将接续管、线芯清洗并涂导电膏。

④按规定的压口数和压接顺序压接,压接后按钳压标准矫直钳压接续管。

⑤将需进行绝缘处理的部位清洗干净,在钳压管两端口至绝缘层倒角间用绝缘自粘带缠绕成均匀弧形。

2)绝缘钢芯铝绞线承力接头的液压连接

①剥去接头处的绝缘层、半导体层,线芯端头用绑线扎紧,锯齐导线,线芯切割平面与线芯轴线垂直。

②钢芯铝绞线接头处的绝缘层、半导体层的剥离长度,当钢芯对接时,其一根绝缘线比铝接续管的 1/2 长 20~30 mm,另一根绝缘线比钢接续管的 1/2 和铝接续管的长度之和长 40~60 mm;当钢芯搭接时,其一根绝缘线比钢接续管和铝接续管长度之和的 1/2 长 20~30 mm,另一根绝缘线比钢接续管和铝接续管的长度之和长 40~60 mm。

③将接续管、线芯清洗并涂导电膏。

④按规定的液压部位及操作顺序一次压接到位(六角形对边尺寸为接续管外径的 0.866 倍)。

⑤校直(注意用力适当,不能出现裂缝),锉掉飞边、毛刺。

⑥将需要进行绝缘处理的部位清洗干净。

(2)绝缘线接头处的绝缘处理

1)在接续管外面缠绕一层半导体自粘带,和绝缘线的半导体层连接后再进行绝缘处理。每圈半导体自粘带间应搭压带宽的 1/2。

2)使用内外两层绝缘护套进行绝缘处理,绝缘护套管径一般应为被处理部位接续管的 1.5~2.0 倍。

3)在接头处安装辐射交联热收缩管护套或预扩张冷缩绝缘套管。

4.1.2 绝缘导线之地面安装绝缘线耐张线夹

(1)认知绝缘线耐张线夹,分析其结构。

螺栓形耐张线夹如图 1.32 所示,铝合金绝缘线耐张线夹由锥形管体和 U 形螺栓构成。在城市供电网架设中用于拉紧固定绝缘导线。在锥形管体内带有锥形导线夹块,夹块分为上扇和下扇。在上扇和下扇后部分别带有凸楔和楔孔,凸楔嵌入楔孔内。在 U 形螺杆扇部有支撑板,顶部有耐磨衬垫。使用时是将导线从线夹前端孔穿入,从承力丝堵孔穿出。由于弹簧的作用,使得夹块夹紧导线。导线夹块与锥形管体相吻合。线夹内受紧线张力越大,则线夹对导线夹紧力越大,促使导线与线夹紧密固定在一起。

图 1.32 螺栓形耐张线夹

(2)两人一组,一人操作,一人协助,二人分工交替进行。

(3)将一段导线安装于耐张线夹。要求每人都能按标准熟练完成安装操作。

4.1.3 在地面上将绝缘导线绑扎于绝缘子上

(1)将横担固定于距地面 1 m 左右的电杆上,在横担的两边分别安装针式绝缘子。

(2)两人一组,一人操作,一人监护,二人分工交替进行。一组进行绝缘导线在针式绝缘子顶上的绑扎操作,另一组进行绝缘导线在绝缘子颈侧(边槽)的绑扎操作,两组交替操作。

(3)准备一段绝缘导线,在与绝缘子接触部分按要求用绝缘自粘带缠绕后卡入针式绝缘子顶上或边槽。

（4）准备一段 2 m 的塑料铜线作为绑线，按要求进行绑扎。完成一次绑扎后，可不剪去余线。测量余线长度，算出所需绑线长度，并做好记录。拆下绑线还可用其进行绑扎练习。

（5）每绑扎一次，测量一次绑线长度，并及时做好记录，直至每人都能按标准顺利完成两种绑扎操作。

综合以上操作，得出型号为_____的绝缘导线在绝缘子上固定时所需绑线的长度为_____ m。

4.2 施工前准备

（1）工作负责人召集全组人员进行"二交三查"。
1）交待工作任务，交待易出错点及预防措施。
2）检查全组工作人员是否戴安全帽、是否规范着装（穿工作服、工作胶鞋、戴手套）。
3）检查安全带是否完好，是否系好并使其在臀部上部位置。
4）检查工器具是否完好和齐全。
（2）以工作组为单位领取工机具和材料。

4.3 施工操作

（1）放线。特别注意：
1）用 2 500 V 兆欧表摇测绝缘导线的绝缘电阻，并判断绝缘电阻是否达标、绝缘层是否损伤。
2）清理路径，消除障碍；清点和检查工具。
3）在绝缘导线的牵引端安装牵引网套。
4）在横担上安装开口塑料滑轮或套有橡胶护套的开口铝滑轮。
5）一边放线一边逐档将导线吊放在滑轮内前进。
（2）紧线。特别注意：紧线时，任何人不得在悬空的绝缘导线下停留，必须呆在导线 20 m 以外的地方。
（3）在绝缘子上固定绝缘导线。特别注意：
1）根据线径及受力情况选择绑扎方法。
2）先缠绝缘胶带，后绑扎。
3）绑扎线长度按训练时的测量值截取。

5 检查

（1）根据实际情况填写任务完成情况检查记录表。
（2）对施工过程中出现的问题进行分析，并填写施工问题分析表。

6 总结评价

每人对施工过程进行总结，小组合作完成汇报文稿。请各组根据任务完成过程，通过讨论填写评价表。

学习子情境 5　电力电缆直埋敷设

学习情境描述

直埋敷设一条 50 m 长的电缆,采用型号为:0.6/1 kV 的 VLV 油浸纸普通阻燃型 ZR-VLV。要求操作规范,工艺流程流畅,符合标准。

学习目标

1. 了解电缆敷设的一般要求和基本敷设方式。
2. 掌握直埋电缆敷设的特点、技术要求与工程准备。
3. 能编制出最佳的(省工、省料、误差小)施工流程,能举一反三。
4. 掌握直埋电缆敷设的施工方法与工艺。
5. 养成安全、规范的操作习惯和良好的沟通习惯,能解决一般问题。

1　相关知识

1.1　基础知识

1.1.1　电缆敷设的一般要求和敷设方式

(1)电缆敷设的一般要求

1)电缆敷设前应进行下列检查:支架齐全、油漆完整;电缆型号、电压、规格符合设计;电缆绝缘良好;当对油纸电缆的密封有怀疑时,还应进行潮湿判断;直埋电缆与水底电缆应经直流耐压试验合格。

2)电缆敷设时,不应破坏电缆沟和隧道的防水层。在三相四线制系统中使用的电力电缆,不应采用三芯电缆另加一根单芯电缆或导线、电缆金属护套等作中性线的方式。在三相系统中,不得将三芯电缆中的一芯接地运行。

3)三相系统中使用的单芯电缆,应组成紧贴的正三角形排列(水底电缆可除外),并且每隔 1 m 应用绑带扎牢;并联运行的电缆,其长度应相等。

4)电缆敷设时,在电缆终端头与电缆接头附近可留有备用长度。直埋电缆还应在全长上留少量裕度,并做波浪形敷设。

5)电缆各支持点间的距离应按设计规定,电缆敷设时,电缆从盘的上端引出,应避免电缆在支架上及地面摩擦拖拉,电缆上不得有未消除的机械损伤(铠装压扁、电缆绞拧、护层断裂等)。

6)电缆敷设时不宜交叉,电缆应排列整齐,加以固定,并及时装设标志牌;直埋电缆沿线及其接头处应有明显的方位标志或牢固的标桩。

7)沿电气化铁路或有电气化铁路通过的桥梁上明敷电缆的金属护套,应沿其全长与金属支架或桥梁的金属构件绝缘。

8)电缆进入电缆沟、隧道、竖井、建筑物、盘(柜)及传入管子时,出入口应封闭,管口也应封闭。

(2)电缆敷设方式

电缆敷设的常用方式可分为直埋、隧道、沟槽、排管及悬挂等。各种敷设方式都有优缺点,具体哪一种方式,应根据电缆数量级路线的周围环境条件来决定。敷设一般包括两个阶段:准备阶段和施工阶段。

1)准备阶段工作。路径复测;检查敷设电缆及其所需的各种材料及工器具是否合格、齐全;决定电缆中间接头的位置;将电缆安全运送到便于敷设的现场等。

2)施工阶段主要分为

①放样划线。根据设计图纸和复测记录,决定敷设电缆线路的走向,然后进行划线。

市区内,可用石灰粉和绳子在地上标明电缆沟的位置和电缆沟的开挖宽度,其宽度应根据人体宽度和电缆条数及电缆间距而定。一般在敷设一条电缆时,开挖宽度为 0.5 m,同沟敷设两条电缆时,宽度为 0.6 m 左右。

②敷设过路保护管。采用不开挖路面的顶管法或开挖路面的施工方法,使钢管敷设在地下。

③挖沟。应垂直开挖,挖出来的泥土分别放在沟的两旁,开挖深度不应小于 0.85 m。在土质松软处开挖时,应在沟壁上加装护板,以防电缆沟倒塌。电缆沟验收合格后,在沟底铺上100 mm 厚的砂层。

④敷设电缆。可采用人工或机械牵引进行电缆敷设,具体做法是先沿沟底放好滚轮,每隔2~3 m 距离放一个,将电缆放在滚轮上,使电缆牵引时不至与地面摩擦,然后用人工或机械(卷扬机、绞磨)牵引电缆进行敷设。

⑤填沟。电缆放在沟底后,经检查合格,上面应覆以 100~150 mm 的软土或砂层,盖上水泥保护盖板,再回填土。

⑥埋设电缆标示桩。

1.1.2 电缆敷设的技术要求

(1)最大位差

油浸纸绝缘电缆敷设的最低点与最高点之间的最大位差应不超过表 1.21 的规定。若超过规定,可选择适合高落差的其他形式电缆,如不滴流浸渍纸绝缘或塑料绝缘等,必要时也可采用堵油中间接头。铝包电缆的位差可以比铅包电缆的位差大 3~5 m。

表 1.21 油浸纸绝缘电缆敷设最大允许位差

电压(kV)	电缆护层结构	最大允许敷设位差(mm)
1	无铠装	20
	有铠装	25
6~10	铠装或无铠装	15
35	铠装或无铠装	5

(2)弯曲半径

在敷设和运行中不应使电缆过分弯曲。各种电缆最小允许弯曲半径应不小于表 1.22 的规定。

(3)间距

1)按设计数值执行。

2)随着电缆外径和重量增加,应适当增加支撑点,减小支撑点间距,或者明显增加支撑点的强度。电缆支撑点间距离见表 1.23 所示。

表 1.22　各种电缆最小弯曲半径

电缆型式		多芯	单芯
橡皮绝缘电力电缆	无铅包、钢铠护套	10D	
	裸铅包护套	15D	
	钢铠护套	20D	
塑料绝缘电力电缆	无铠装	15D	20D
	有铠装	12D	15D
油浸纸绝缘电力电缆	有铠装	15D	20D
	无铠装	20D	—
自容式充油(铅包)电缆		—	20D

注:表中 D 为电缆外径。

表 1.23　电缆支撑点间距离(mm)

电缆种类		敷设方式	
		水平	垂直
电力电缆	中低压塑料电缆	400	1 000
	其他中低压电缆	800	1 500
	35 kV 及以上高压电缆	1 500	2 000

(4)电缆保护

1)进入建筑物、隧道,穿过楼板及墙壁,从沟道引至电杆、设备、墙壁表面等,距地面高度 2 m 以下的一段电缆需穿保护管或加保护装置。

2)保护管内径为电缆外径的 1.5 倍,保护管埋入地面不小于 100 mm。

3)敷设在厂房、隧道内和不填砂电缆沟内的电缆,应采用裸铠装或非易燃性外护套电缆。电缆如有接头,应在接头周围采取防止火焰蔓延的措施。

4)电缆敷设时,电缆应从电缆盘的上端引出,不应使电缆在支架上及地面摩擦拖拉。电缆上不得有铠装压扁、电缆绞拧、护层折裂等未消除的机械损伤。电缆牵引图如图 1.33 所示。

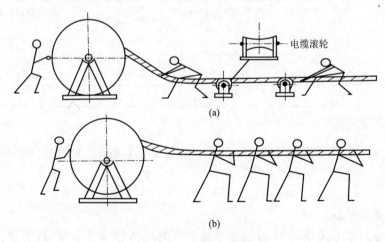

图 1.33　电缆牵引图

(5)最大牵引强度

机械敷设电缆时的最大牵引强度宜符合表 1.24 的规定。当采用钢丝绳牵引时,高压及超高压电缆总牵引力不宜超过 30 kN。

表 1.24 电缆最大牵引强度(kN)

牵引方式	牵引头		钢丝网套		
受力部位	铜芯	铝芯	铅套	铝套	塑料护套
允许牵引强度	70	40	10	40	7

1.1.3 直埋电缆敷设的特点与工程准备

(1)直埋敷设特点

1)概念。将电缆线路直接埋设在地面下的方式称为电缆直埋敷设,埋设深度为 0.7~1.0 m,电缆上面覆盖 100~150 mm 细土,并用水泥盖板保护。直埋电缆施工结构如图 1.34 所示。

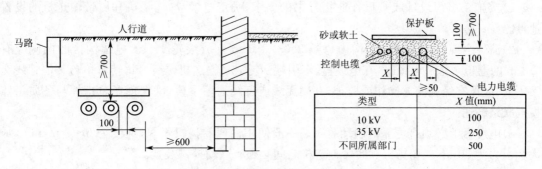

图 1.34 直埋电缆施工结构(mm)

2)要求与特点。直埋敷设适用于电缆线路不太密集的城市地下走廊,如市区人行道、公共绿地、建筑物边缘地带等。直埋敷设不需要大量的土建工程,施工周期较短,是一种经济的敷设方式。直埋敷设的缺点是电缆容易遭受机械性外力损伤,容易受到周围土壤的化学或电化学腐蚀。电缆故障修理或更换电缆比较困难。

3)适用场合。适用于沿同一路径敷设的室外电缆 8 根及以下且场地有条件的情况。施工简便,费用低廉,电缆散热性好,但挖土工作量大,还可能受到土壤中酸碱物质的腐蚀等。

(2)直埋敷设工程前期准备

1)线路位置的确认。电缆线路设计书所标注的电缆线路位置,必须经有关部门确认。敷设施工前一般应申办电缆线路管线执照、掘路执照和道路施工许可证(即"两照一证")。应开挖足够的样洞,了解线路路径临近地下管线情况,并最后确定电缆线路路径。然后召开敷设施工配合会议,明确各公用管线和绿化管理单位的配合、赔偿事项。如果临近其他地下管线和绿化需迁让,需办理书面协议。

2)编制工程施工组织设计。首先要明确施工组织机构,制订安全生产保证措施、施工质量保证措施及文明施工保证措施;然后熟悉工程施工图,根据开挖样洞的情况,对施工图做必要修改,确定电缆分段长度和接头位置。

3)编制施工计划和敷设施工作业指导书。首先应当确定各段敷设方案和必要的技术措施,然后进行施工前各盘电缆的验收,包括查核电缆制造厂质量保证书,进行绝缘校潮试验、油样试验和护层绝缘试验等。

4)工程主要材料、机具设备和运输机械的准备。除电缆外,主要材料还有各种电缆附件、电缆保护盖板、过路导管。机具设备包括各种挖掘机械、敷设专用机械、工地临时设施、施工围栏、临时路基板。应根据每盘电缆的重量,制订运输计划,并做运输设备的准备。高压电缆每盘重达十几吨,应有相应的大件运输装卸设备。

1.1.4 直埋电缆敷设的施工方法

(1)电缆直埋敷设应分段施工,一般以一盘电缆的长度为一施工段。施工顺序为:预埋过路导管,挖掘电缆沟,敷设电缆,电缆上覆盖 100～150 mm 厚的细土,盖电缆保护盖板及标志带,回填土。当第一段敷设完工清理后,再进行第二段敷设施工。

(2)直埋敷设应符合《电力工程电缆敷设规范》中关于电缆直埋敷设的各项质量标准。

(3)直埋敷设还应注意以下几项具体技术要求:

1)按施工组织设计或敷设作业指导书的要求,确定电缆盘、卷扬机和履带输送机的设置地点。

2)清理电缆沟,排除积水,沟内每隔 2.0～3.0 m 安放滚轮 1 只。电缆沟槽的两侧应有 0.3 m 的通道。施放电缆时,在电缆盘、牵引端、卷扬机、输送机、导管口、转弯角与其他管线交叉等处,应派有经验的人操作或监护,并用无线或有线通信手段,确保现场总指挥与各质量监控点联络畅通。

3)电缆盘上必须有可靠的制动装置。一般使用慢速卷扬机牵引,速度为 6～7 m/min,最大牵引力为 30 kN。卷扬机和履带输送机之间必须有联动控制装置。

4)监视电缆牵引力和侧压力。电缆外护套在施工过程中不能受损伤,如果发现外护套有局部刮伤,应及时修补。在敷设完毕后,测试护层电阻,110 kV 及以上单芯电缆外护套应能通过直流 10 kV、1 min 的耐压试验。

1.1.5 直埋电缆敷设施工工艺

(1)挖沟。按照设计图纸规定的电缆敷设路径,用白灰在地面上划出电缆行进的线路和沟的宽度,进行电缆沟的基础施工。电缆沟的形状如图 1.35 所示,基本为一个梯形,对于一般土质,沟顶应比沟底大 200 mm。

挖沟的一般要求:电缆沟的深度,应使电缆表面距地面的距离不小于 0.7 m。穿越农田时,不小于 1 m。在寒冷地区,电缆应埋设于冻土层以下。直埋深度超过 1.1 m 时,可以不考虑上部压力的机械损伤。在引入建筑物、与地下建筑物交叉及绕过地下建筑物处,可浅埋,但一般采用穿保护管的措施。电缆沟的宽度,取决于电缆根数与散热的

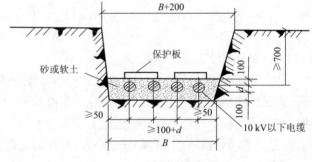

图 1.35 电缆沟的形状(mm)

间距。表 1.25 列出了 10 kV 及以下电力电缆与控制电缆敷设在同一电缆沟内,电缆沟宽与电缆根数的关系。

表 1.25　电缆沟的宽度（mm）

名　　称		控制电缆根数						
		0	1	2	3	4	5	6
10 kV 及以下电力电缆根数	0	—	350	380	510	640	770	900
	1	350	450	580	710	840	970	1 100
	2	550	600	780	860	990	1 120	1 250
	3	650	750	880	1 010	1 140	1 270	1 400
	4	800	900	1 030	1 160	1 290	1 420	1 550
	5	950	1 050	1 180	1 310	1 440	1 570	1 800
	6	1 120	1 200	1 330	1 460	1 590	1 720	1 850

（2）埋保护管。在电缆与铁路、公路、城市街道、厂区道路等交叉处，引入或引出建筑物、隧道处等可能受到机械损伤的地方，都必须在电缆外面加穿一定机械强度的保护管或保护罩。

（3）必要时采取隔热措施。可将加热电缆放在暖室内，用热风机或电炉及其他方法提高室内温度，也可将电缆线芯通入电流，使电缆本身发热。但要注意，加热时，将电缆一端线芯短路，并加以铅封，防潮气侵入。电缆允许敷设最低温度见表 1.26。

表 1.26　电缆允许敷设最低温度

电缆类型	电缆结构	允许敷设最低温度（℃）
油浸纸绝缘电力电缆	充油电缆	−10
	其他油纸电缆	0
橡皮绝缘电力电缆	橡胶或聚氯乙烯护套	−15
	裸铅套	−20
	铅护套钢带铠装	−7
塑料绝缘电力电缆	—	0
控制电缆	耐寒护套	−20
	橡胶绝缘聚氯乙烯护套	−15
	聚氯乙烯绝缘聚氯乙烯护套护套	−10

（4）垫沙。在挖好的电缆沟中铺设一层 100 mm 厚的细砂或软土，若土壤中含有酸或碱性等腐蚀物质，则应用细砂做电缆垫层。

（5）敷线。施放电缆时，不论是采用人工敷设还是采用机械牵引敷设，都须先将电缆盘稳固地架设在放线架上。施放时应使电缆线盘运转自如。在电缆线盘的两侧，应有专人监视，以便必要时可立即将旋转的电缆线盘刹住，中断施放。按电缆线盘上所标箭头方向滚动，防止因电缆松脱而互相绞在一起。

电缆施放中，不应将电缆拉挺伸直，而应使其呈波状。一般使施放的电缆长度比沟长多 1.5%～2%，以便防止电缆在冬季使用时不致因长度缩短而承受过大的拉力。

（6）盖盖板。电缆施放完毕后，应在其上面再铺设一层 100 mm 厚的细沙或软土，然后再铺盖一层用钢筋混凝土预制成的电缆保护板或砖块，其覆盖宽度应超过电缆两侧各 50 mm。

（7）立标志牌。电缆施放完毕后，还应按规定在一定的位置上放置电缆标志牌。它一般明显地竖立在离地面 0.15 m 的地面上,以便日后检修方便。

1.2 施工前的准备

1.2.1 人员分工

人员分工见表 1.27。

表 1.27 人员分工

序号	项　目	人数	备　注
1	安全防护	1	—
2	电力电缆直埋敷设	4	—

1.2.2 所需工机具

所需工机具见表 1.28。

表 1.28 所需工机具

序号	名　称	规格	单位	数量	备　注
1	电工工具	—	套	1	—
2	电缆支架及轴	—	套	1	—
3	电缆滚轮	大号	个	2	—
4	转向导轮	1.5 kg	个	1	—
5	铁锹	10 mm	把	3	—
6	镐	ϕ12 mm	把	1	—
7	钢丝绳	—	副	1	—
8	大麻绳	皮	副	1	—
9	千斤顶	中号	支	1	—
10	绝缘摇表	—	套	—	—
11	皮尺	10 m	卷	1	—
12	钢锯	—	个	1	—
13	手锤	—	个	1	—
14	扳手	—	把	2	—
15	电气焊工具	—	套	1	—
16	耐压试验装置	—	套	1	—
17	无线电对讲机	—	个	1	—
18	手持扩音喇叭	—	个	1	—

1.2.3 所需材料

所需材料见表 1.29。

1.2.4 材料检查

(1)施工前对电缆进行详细检查:规格、型号、截面、电压等级均符合设计要求,外观无扭曲、坏损及漏油、渗油等现象。

表 1.29 所需材料

序号	名　称	规格	单位	数量	备　注
1	油浸纸绝缘电缆	ZR-VLV	m	—	按需量取
2	电缆盖板	—	个	1	—
3	电缆标示桩	—	个	1	—
4	电缆标示牌	—	个	1	—
5	油漆	—	ml	—	按需量取
6	汽油	—	ml	—	按需量取
7	封铅	—	m	—	按需量取
8	硬脂酸	—	ml	1	—
9	自黏带	—	圈	1	—
10	石灰粉	—	kg	3	—

（2）电缆敷设前进行绝缘遥测或耐压试验：要求 1 kV 以下电缆线间及对地的绝缘电阻不低于 10 MΩ，必要时敷设前仍需用 2.5 kV 摇表测量绝缘电阻是否合格；油浸纸绝缘电缆应立即用焊锡将电缆头封好，其他电缆用橡皮包密封后再用黑布包包好。

（3）采用机械放电缆时，应将机械选好适当位置安装，并将钢丝绳和滑轮安装好；人力放电缆时，将滚轮提前安装好。

1.3　电缆敷设的操作程序

1.3.1　敷设前的准备工作

（1）现场勘查。根据工程设计书的内容到现场勘查，了解工程内容并收集一下有关资料。

1）勘查电缆所经地段的地形有无障碍物，校对和记录各地段的长度。

2）了解及核对地下设施，如上下水管、热力管、煤气管及其他地下管线的位置，以便确定需要挖样洞的位置和数量。

3）确定电缆穿越各路口需埋设预埋管的方法。

4）确定挖沟和敷设电缆的方法和次序。

5）根据这项工程工作特点确定所需的特殊器材。

（2）制定施工计划。根据现场勘测结果制定施工计划，并制定技术措施和安全措施。根据电缆路径的特点和每盘电缆的长度，确定中间接头的位置和决定电缆拖放的次序。中间接头的绝缘强度一般不及电缆本身，应力争少做接头，兵营避免将接头安排在保护管内及交通要道和地势狭窄不宜开挖检修的地方。几条电缆并沟敷设时，应将中间接头位置错开。为便于敷设，应将电缆放在直线段，短电缆放在路径曲折段。

（3）准备工具、材料。电缆敷设工具主要为挖沟、敷设和锯断电缆及封焊（锯封）3 大类。挖沟工具有铁锹、镐、铁撬杠、排水工具等，敷设工具有钢轴、电缆盘支架、钢丝绳和滑轮等。锯封工具材料有钢锯、喷灯、汽油、钢绑线、封铅、抹布、硬脂酸及自黏袋等。

1.3.2　电缆沟槽的开挖

（1）挖样洞。其目的是了解地下管线的布置情况及了解土质对电缆护层是否有害，以便采取相应措施。电缆与其他地下管线的平行距离一般不小于 0.5 m，距煤气管道不能小于 1 m，距热力管道不应小于 2 m,而且不能直接敷设在其他管线上。因此,样洞的宽度和深度一定要大于施放电缆本身的宽度和深度。挖样洞时应特别仔细,避免损坏地下管线和其他地下设施。

(2)敷设过路管道。电缆与各种道路交叉时,不可能长时间断绝交通,因此要提前将保护管道敷设好,放电缆时就不会影响交通。电缆管道尽可能地用非金属管,因为当电缆金属护套和铁管之间有电位差时,容易因电蚀导致电缆发生故障。在交通频繁的道路敷设管道时,尽可能采用不开挖路面的方法,即采用顶管的方法,就是用油压千斤顶将钢管从道路的一侧顶到另一侧,顶管时,应将千斤顶、垫块及铁管放在道路侧面已开挖好的地方,并将铁管调整好,然后扳动摇臂将铁管顶进土中,当千斤顶到位后再垫以垫块继续顶,直至顶过马路到需要的位置。但铁管进土一端不宜做成尖头,以平头为好,尖头容易在碰到硬物时产生偏斜。当钢管顶到位后,应挖掉管中泥土,两头用木塞堵严,防止掉入异物影响电缆敷设。敷设加保护管的电缆如图 1.36 所示。

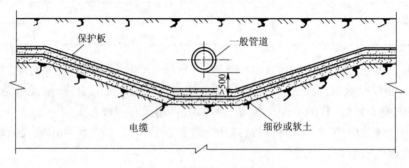

图 1.36　敷设加保护管的电缆

(3)画线。根据设计图样并考虑到所挖的样洞、预埋管等决定施放电缆路线,然后用石灰粉画线标出挖土范围。沟的宽度应根据土质、人体宽度、沟深、电缆条数、电缆间距离而定。一般一条 10 kV 电缆沟宽为 0.4~0.5 m,两条 10 kV 电缆沟宽为 0.6 m 左右。10 kV 电缆沟深为 0.7~0.9 m。画线时,还要考虑到转弯时电缆的弯曲半径的要求。

(4)挖沟。10 kV 电力电缆的埋设深度规定为电缆表皮到地面的净距不小于 0.7 m,而电缆的直径再加电缆下面要垫一层细砂或细土。因此,沟的深度应大于 0.9 m,同时还应考虑与其他地下管线交叉应保持的距离。当路面不成形时,还要考虑规划路面的高低,应保持在路面修好后,电缆仍有不小于规程规定的深度。电缆沟尺寸示意图如图 1.37 所示。

挖沟时应将路面的坚硬土石与下层的细土分放电缆沟旁,以便电缆施放后从沟旁取土覆盖电缆。沟的两侧应各留 0.3 m 的通道,以便施放电缆人员在施工过程中通行,同时要防止沟边石块等硬物掉入沟内砸坏电缆。

1.3.3　施放电缆

(1)在施放电缆的当天,将掉入沟内的石块及泥土清除,沟底垫以细砂,以保证电缆的埋设深度。

(2)在沟内放置滑轮,一般每隔 2~3 m 放一个。如用多人搬移一根电缆,应考虑每 2~4 m 长就需设一人。在放电缆时以不使电缆下垂碰触地面为原则。

(3)在适当位置架设电缆线盘,应按电

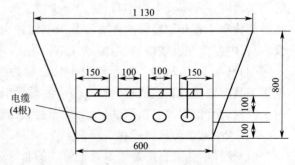

图 1.37　电缆沟尺寸示意图(mm)

缆线盘所标箭头方向滚至预定位置,再将钢轴穿于线盘轴孔中,如在平坦的场所可用铲车两钗拉开拖住线盘,将线盘放到线盘架上去。若铲车不能进的场所,可用千斤顶将线盘顶起架好,其高度应使线盘离开地面 50～60 mm,并能自由转动。在架设线盘时要使钢轴保持水平,防止线盘在转动时向一边移动。在架设线盘时的转动方向应与线盘滚动方向相反,电缆应从上端放出。放线时电缆线盘应有紧急制动装置。人工施放电缆如图 1.38所示。

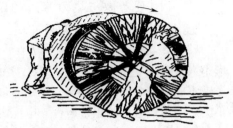

图 1.38 人工施放电缆

(4)进行严格分工,确定施放指挥人和各项负责人,联络人和现场安全负责人,并布置各岗位职责。

以上准备工作完毕,即可施放电缆,此时负责人一般跟随电缆头走,随时了解电缆施放进度并不断与两端及中间工作人员联系,了解有无障碍,及时指挥施放行动。放线速度应均匀,不宜时停时走,在停止以后再启动过程中,因受力不均,容易损伤电缆的绝缘层。

在施放电缆的过程中,监视线盘人员不能站在线盘的正前方。穿过管道时,电缆不应被管口划伤,工作人员在管口旁提电缆时,手应与管口保持 0.5 m 以上的距离,防止管口刮伤手。

电缆放完,核对长度及位置无误后,便可逐段将电缆捋顺并放到沟底,同时对电缆进行外观检查。多条电缆并列敷设时,应将电缆按规定的距离排开摆放好。电缆在沟内不必拉直,应有适当的松弛,以免承受拉力。

电缆放于沟底后,上面覆盖 100 mm 的细砂或细土,然后盖上一层砖或混凝土保护板。保护砖或板的宽度应超过电缆外径两侧各 50 mm 左右,保护板盖好后,即可还土填平夯实,并通知有关部门修复路面。放完电缆后,一般当天就应盖保护板,防止外力损伤电缆。放完电缆并锯断后,两端必须封焊严密,防止浸水受潮。

1.3.4 注意要点

(1)向一级负荷供电的同一路径的两路电源电缆,不可敷设在同一沟内。

(2)电缆的保护管,每一根只准穿一根电缆,单芯电缆不允许采用钢管作为保护管。在与道路交叉时所须敷设的电缆保护管,其两端应伸出道路路基两边各 2 m;在与城市街道交叉时所敷设的电缆保护管,其两端应伸出车道路面。

(3)电缆敷设在下列地段时应留有适当的余量,以备重新封端用:过河两端留 3～5 m;过桥两端留 0.3～0.5 m;电缆终端留 1～1.5 m。

(4)电缆之间、电缆与其他管道、道路、建筑物等之间平行或交叉时的最小净距应符合规定;电缆沿坡度敷设时,中间接头应保持水平。

(5)铠装电缆和铅(铝)包电缆的金属外皮两端、金属电缆终端头及保护钢管,必须进行可靠接地,接地电阻不大于 10 Ω。

2 引导问题

2.1 独立完成引导问题

2.1.1 填空题

(1)直埋电缆虽然施工简单方便,若没有按严格的_____和_____进行施工,会造成电缆的直接或间接损坏,且电缆在运行中也将会受到外界的破坏。

（2）施工前必须进行现场_____,画好电缆_____,尽量避开高温和带有化学性质的土壤。在街道广场电缆应敷设在人行道或街道边侧下方,并且距建筑物的基础不得小于_____。还要考虑与热力管道的距离不得小于_____,电缆交叉时距离不得小于_____,与通信电缆的距离应大于_____。

（3）电缆埋入地下的深度不应小于_____(由地面至电缆外皮),所以开挖电缆沟的深度应不大于_____。为了便于开挖,电缆沟的宽度:单条电缆一般为_____,但多条电缆应考虑不能重叠。电缆间应有一定距离,以便于散热。若有一条电缆发生故障需要修理和更换,不会影响其他电缆的正常运行。电缆沟的宽度应根据电缆的_____而定。

（4）挖沟完毕,按设计进行验收。沟底应_____,深浅一致,沟底必须有一层良好土层,防止石头或杂物突起,同时要处理好易塌陷的地段。防腐功能的电缆经过带有化学物质的土壤要准备好塑料管,敷设时电缆穿入_____,以防止直接和带有化学物质的土壤接触。穿过道路的电缆必须事先埋设机械强度较高的管子,管子的内径应大于电缆外径的_____。

（5）敷设电缆时应从_____上方引出电缆,严禁将电缆拧成死角。施工时交联聚乙烯三芯电缆弯曲半径不得小于电缆外径的_____(油纸绝缘电缆为20倍),放电缆时应顺电缆线圈慢慢拉直,并注意不要将电缆放在地面拖拉以免破坏保护层。放电缆时应注意合理安排_____,以免造成浪费,并尽量减少中间接头,除考虑制作终端头有足够的长度外,还要留有电缆全长的_____的备用长度。

（6）直埋电缆应在两端和改变线路的弯头处设有"_____"的标识牌。

（7）从电缆沟引出的电缆距地面_____的一般应穿镀锌管保护,镀锌管应去毛刺,不应有穿孔、裂缝等。固定电缆的钢支架应焊接牢固并_____。

（8）电缆必须经过直流耐压试验合格,核对_____准确才能投入运行;电缆施工完毕后,应画出与施工相符合的_____,连同电缆技术数据交有关部门存档。

2.1.2 选择题

（1）电力电缆的基本构造主要是由线芯导体、（　　）和保护层组成。

(A) 衬垫层　　　　　(B) 填充层　　　　　(C) 绝缘层　　　　　(D) 屏蔽层

（2）敷设电缆时,在终端头和中间头附近应留有（　　）的备用长度。

(A) 0.5~1.5 m　　(B) 1.0~1.5 m　　(C) 1.5~2.0 m　　(D) 2.0~2.5 m

（3）一般当电缆根数少且敷设距离较大时,采用（　　）。

(A) 直接埋设敷设　　　　　　　　(B) 电缆隧道

(C) 电缆沟　　　　　　　　　　　(D) 电缆排管

（4）一般地区的电缆埋设深度应不小于（　　）。

(A) 0.5 m　　　　(B) 0.7 m　　　　(C) 1.0 m　　　　(D) 1.2 m

（5）电缆的埋设深度,在农田中应不小于（　　）。

(A) 0.5 m　　　　(B) 0.7 m　　　　(C) 1.0 m　　　　(D) 1.2 m

（6）直埋电缆敷设时,电缆上、下均应铺不小于100 mm厚的沙子,并铺保护板或砖,其覆盖宽度应超过电缆直径两侧（　　）。

(A) 25 mm　　　　(B) 50 mm　　　　(C) 100 mm　　　　(D) 150 mm

（7）电缆敷设时,在电缆终端头及电缆接头处应预留备用段,低压电缆预留长度不应小于（　　）。

(A) 3 m　　　　(B) 5 m　　　　(C) 6 m　　　　(D) 7 m

2.1.3　判断题

(1)运输、滚动电缆盘前,必须检查电缆盘的牢固性。　　　　　　　　　(　　)

(2)电缆盘滚动方向可以逆着电缆的缠紧方向。　　　　　　　　　　　(　　)

(3)工作领导人、工作执行人不能兼任工作许可人。　　　　　　　　　(　　)

(4)一般地区电缆表面距地面距离不应小于 0.7 m。　　　　　　　　　(　　)

(5)在电缆中间接头处应设置电缆埋设标志。　　　　　　　　　　　　(　　)

2.1.4　问答题

(1)现场勘查的目的是什么? 包括哪些项目?

(2)电缆直埋敷设的施工顺序是什么?

(3)电缆直埋敷设的技术要求都有哪些?

(4)电缆沟槽开挖后,都要进行哪些施工项目?

(5)电缆直埋时,必要时应采取的隔热措施都有哪些?

2.2　小组合作寻找最佳答案

采用扩展小组法,完成引导问题答案对照表,格式见附表1。

2.3　与教师探讨

重点对表中打"✓"的问题,特别是4对4讨论结果中打"×"的问题进行探讨。

3 计划决策

编制电力电缆直埋敷设施工方案。

4 任务实施

4.1 施工前准备

(1)工作负责人召集全组人员进行"二交三查"。

①交待工作任务,交待易出错点及预防措施。

②检查全组工作人员是否戴安全帽、是否规范着装(穿工作服、工作胶鞋、戴手套)。

③检查工机具具是否完好和齐全。

(2)以工作小组为单位领取工机具和材料。

4.2 施工操作

(1)准备工作。对用于施工项目的电缆进行详细检查,其型号、电压、规格应与施工图设计相符;电缆外观应无扭曲、坏损及漏油、渗油现象。

(2)电缆应进行绝缘电阻检测和耐压试验。特别提示:应尽量按设计和实际路径计算每根电缆的长度,合理安排每盘电缆,减少电缆接头。

(3)直埋敷设电缆。

特别提示:

1)电缆应从电缆盘上引出,不应使电缆在地面摩擦拖拉。电缆上不得有铠装压扁、电缆绞拧、护层断裂等未消除的机械损伤。

2)电缆弯曲半径应符合规范要求,在沟内敷设应适当的有蛇形弯,电缆的两端、中间接头、穿管处、垂直位差处应留有适当的余度。

3)电缆之间,与其他管道,道路最小净距应符合规范。

4)电缆敷设应设置联络指挥系统。应用对讲机联络,手持扩音喇叭指挥。

(4)覆砂盖砖。特别提示:电缆敷设完毕,电缆上面与下面应一样。覆盖 100 mm 砂土或软土,然后用砖或电缆盖板将电缆盖好,覆盖宽度应超过电缆两侧 50 mm。

(5)回填土。特别提示:直埋电缆回填土应分层夯实。

(6)埋标示牌。特别提示:埋置深度应符合电缆直埋敷设要求。

(7)清理现场,结束作业。特别注意:文明施工,做好环保。

5 检查

(1)根据实际情况填写任务完成情况检查记录表。

(2)对施工过程中出现的问题进行分析,并填写施工问题分析表。

6 总结评价

每人对施工过程进行总结,小组合作完成汇报文稿。请各组根据任务完成过程,通过讨论填写评价表。

学习情境 2 中压配电线路施工

学习子情境 1 电杆预制混凝土基础施工

学习情境描述

在配电线路演练场进行 12 m 混凝土直线杆的预制混凝土基础施工,要求测量准确、挖坑规范、底盘安装到位,达到立杆标准。

学习目标

1. 了解预制基础与普通基础的区别。
2. 会搜集预制基础施工方面的资料,会进行基础坑测量。
3. 能编制出最佳的预制混凝土基础施工工序,做到举一反三。
4. 掌握预制混凝土电杆基础施工的操作要点。
5. 会进行基础操平找正和底板安装作业,能按要求、按时完成任务。
6. 养成安全、规范的操作习惯和良好的沟通习惯,能解决施工现场出现的一般问题。

学习引导

快速完成任务流程:

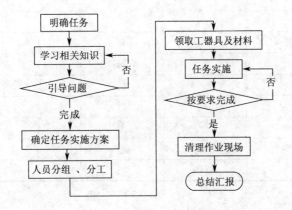

1 相关知识

1.1 基础知识

钢筋混凝土电杆在土质情况不太好或杆身较高时,电杆底部应安装底盘和卡盘(底盘、卡盘和拉线盘又叫三盘)。

电力架空线路的施工,首先是根据设计图中的要求进行线路中心线的定线测量工作,设立各种施工所需要的标桩,如转角桩、里程桩、坑位桩等,然后再根据坑位桩进行基础施工。

1.2 预制混凝土基础施工前的准备

先根据任务、施工现场情况及参与施工人员的具体情况对人员进行分组。

1.2.1 人员分工

人员分工见表2.1。

表2.1 人员分工

序号	项 目	人数	备 注
1	工作负责人	·1	—
2	测量、画线、挖坑、操平、底盘安装	4	—

1.2.2 所需工机具

所需工机具见表2.2。

表2.2 所需工机具

序号	名 称	规格	单位	数量	备 注
1	经纬仪	—	台	1	—
2	水准尺	—	根	3	—
3	水准仪	大号	把	1	—
4	圈尺	—	把	1	—
5	滑板	—	块	1	—
6	棕绳	—	根	1	—
7	滑轮组	—	套	1	—
8	定滑轮	—	个	1	—
9	人字抱杆	—	套	1	—
10	细铅丝	—	圈	1	—
11	线坠	—	付	1	—
12	十字架	—	付	1	—
13	镐	—	把	1	—
14	铁锹	长把	把	3	—
15	铁锹	短把	把	1	—

1.2.3 所需材料

所需材料见表2.3。

表2.3 所需材料

序号	名 称	规格	单位	数量	备 注
1	木桩	—	根	8	—
2	铁钉	—	根	6	—
3	底盘	—	个	1	

1.3 预制混凝土电杆基础施工操作

1.3.1 检查杆位标桩

在被检查的标桩和前后相邻的标桩的中心各立一根测杆,从一侧看过去,若3根测杆都在线路中心线上,就表示被检查的标桩位置正确。

1.3.2 杆塔基础分坑测量

(1)基础坑尺寸的确定

对于不同土质的基础坑,基础坑尺寸可根据表2.4确定。

表2.4 基础坑尺寸参数

土壤分类	边坡坡度	操作宽度(m)	坑底宽度	坑口尺寸	备 注
坚土、次坚土	1:0.15	0.1~0.2	基础底层尺寸每边加2倍操作宽度	坑底宽度加2倍坑深与边坡度的乘积	(1)基坑放样按坑口尺寸。(2)流砂、重油泥土,采用挡土板,其他特种作业按其相应要求
黏土、黄土	1:0.3	0.1~0.2			
砂质黏土	1:0.5	0.1~0.2			
石块	1:0	0.1~0.2			
淤泥、砂土、砾土	1:0.75	0.3			
饱和沙土	1:0.75	0.3			
砾石	1:0.75	0.3			

(2)分坑测量

1)直线杆塔基础单杆坑测量

在杆位中心安装经纬仪,前视或后视钉二辅助桩 A、B,相距2~5 m,供底盘找正用或正杆用,按分坑尺寸在中心桩前、后、左、右各量好尺寸,画出坑口线,并在四周钉桩1、2、3、4。单杆分坑图如图2.1所示。

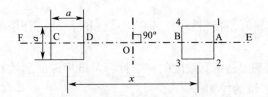

图2.1 单杆分坑图   图2.2 门形直线杆基础分坑图

2)门形直线杆基础分坑测量

门形直线杆基础分坑图如图2.2所示。在两杆位的中心 O 点安装经纬仪,前视线路中心桩后水平旋转望远镜90°,从 O 点量起,在此方向上量水平距离 $\frac{1}{2}(x+a)$、$\frac{1}{2}(x-a)$ 和 $\frac{1}{2}(x+a)+500$ 分别得 A、B 和 E 和 3 点,x 为根开,a 为基坑宽。再垂直旋转望远镜180°,从 O 点量起,在此方向上量水平距离 $\frac{1}{2}(x+a)$、$\frac{1}{2}(x-a)$ 与 $\frac{1}{2}(x+a)+500$ 分别得 C、D 和 F3 点。重复以上测量,以确保 A、B、C、D、E、F 6 点的准确性(E、F 两点供底盘找正或正杆用)。亦可用丁字尺代替经纬仪在线路中心桩做一垂线,在此辅助垂线上测量出 A、B、C、D、E、F 6 点。

将 A、B、C、D 以 B 点为圆心,以 $\frac{\sqrt{5}}{4}a$ 为半径于 A 点两边画圆弧线,与以 A 点为圆心,以 $\frac{a}{2}$ 为半径所画圆弧相交于 1、2 两点;再以 B 点为圆心,以 $\frac{a}{2}$ 为半径画圆弧线,与以 A 点为圆心,以 $\frac{\sqrt{5}}{4}a$ 为半径所画圆弧相交于 3、4 两点。1、2、3、4 即为门形直线杆中的一个杆坑口的四个角。同理,可根据 C、D 两点得另一门形杆的基坑周边线。

(3)杆塔基础分坑的技术要求

1)基坑施工前的定位应符合下列规定:

①直线杆顺线路方向位移,35 kV 架空电力线路不应超过设计档距的 1‰;10 kV 架空电力线路不应超过设计档距的 3‰。直线杆横线路方向位移不应超过 50 mm。

②转角杆、分支杆的横线路、顺线路方向的位移均不应超过 50 mm。

2)门形杆基坑应符合下列规定:

①根开的中心偏差不应超过 ±30 mm。

②两杆的坑深应相同。

1.3.3 杆塔基坑的挖掘

(1)基坑尺寸

预制混凝土基础坑有长方形和方形,一般多为方形。基础坑的主要尺寸,包括坑底宽度(或直径)、坑壁坡度、坑口宽度(或直径)、标准坑深、基础根开、线路转角及位标、施工基面等。

坑底宽度主要由基础底盘的宽度和基础底部需预留的施工作业宽度及坑底的倾斜角的大小决定。一般为底盘四面各加 200 mm 左右的裕度。

坑口宽度由坑底宽度、坑壁坡度、基坑实际坑深决定。

标准坑深是指基础设计时计算的坑深(基础埋深),即从标准地面(零点)到基础底盘下面的距离。

基础根开是指相邻两基础中心之间的距离。杆塔型式不同,基础根开的表示方法及意义也不同。

施工基面是指有坡度的杆塔计算基础埋深的起始基面,也是计算定位塔高的起始基面。

(2)基坑的挖掘

1)按照画好的坑口尺寸、规定的坑底尺寸和规定的坡度,使用镐和铁锹进行挖掘。

2)挖出的土,应堆放在离坑边 0.5 m 以外的地方,以防影响坑内工作和立杆,甚至会使坑壁受重压而塌方。

3)在挖掘的过程中,要随时观察土质情况,发现有塌方的可能时,应采用挡土板或放宽坑口坡度等措施,挖坑人员应戴安全帽,不得在坑内休息。

4)挖掘时随时检查坑位,以保证基础坑不偏斜、移位。

1.3.4 坑深的检查和坑底操平

(1)单杆坑深的检查和坑底操平

一般以坑边四周平均高度为基准,用水准仪及塔尺,先测得坑边地面的平均高度 h_1,再将塔尺伸入坑中测得高度 h_2,则坑深 $H = h_2 - h_1$。同时用塔尺测量坑底四角处的高低差,并将其整平。单杆坑深检查示意图如图2.3所示。若无水准仪,可用圈尺直接测得坑深。坑深允许误差为+100 mm、-50 mm。施工另有规定者除外。

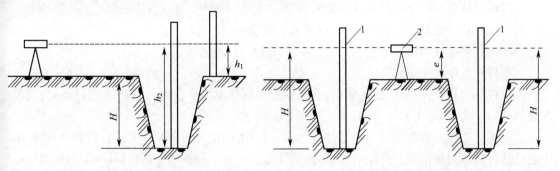

图2.3 单杆坑深检查示意图　　　　图2.4 双杆坑操平示意图
　　　　　　　　　　　　　　　　　1—水准尺;2—水准仪

(2)双杆坑深的检查和坑底操平

坑深标准一般以中心桩处的地面为准,两坑深度需用水准仪观察,水准仪宜放在距两坑中心等距离处进行观测。两坑相对高差不得大于30 mm,若两坑深度不同,则以较深的坑为准,并挖另一坑至相同深度为止。双杆坑操平示意图如图2.4所示。

1.3.5 电杆底盘安装

(1)底盘安装

基坑操平后,可安装底盘。底盘的安装一般采用滑板法和吊装法,不允许将底盘直接推入基坑内,以保证底盘和基坑底面的完整性。

1)滑板法

底盘重量在300 kg以下,可采用人力的简易方法安装。首先将底盘移至坑口,两侧用吊绳固定,坑口下方至坑底放置有一定斜度的钢钎或木板,在指挥人的统一指挥下,用人力缓缓将底盘放下,至坑底后将钢钎或木板抽出,解开吊绳。滑板法安装底盘如图2.5所示。

2)吊装底盘

质量大于300 kg以上的底盘,在有条件的情况下,可用吊车安装,既方便省力又安全。在没有条件时,一般根据底盘的重量采取三脚架、人字抱杆等吊装方法。吊装法安装底盘如图2.6所示。

(2)底盘找正

1)单杆底盘找正底盘中心找正示意图如图2.7所示。

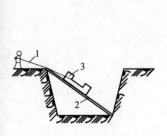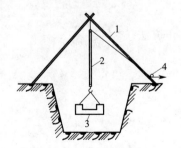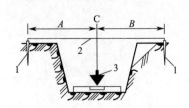

图2.5 滑板法安装底盘　　图2.6 吊装法安装底盘　　图2.7 底盘中心找正示意图
1—拉绳;2—滑板;3—底盘　1—人字抱杆;2—滑轮组;3—底盘;4—定滑轮　1—辅桩;2—细铅丝;3—线坠

①将特制木十字架放于底盘中心,直字架尺寸可根据底盘上的圆圈大小制作。

②用 20 号或 22 号细铅丝,将基坑前后两辅桩上的铁钉上连成一线。

③根据定位分坑记录或挖坑前的实际数字,在铅丝上量出中心点,从该中心点放下线坠。

④用钢钎拨动底盘,直至线坠尖端对准木十字架中心。

⑤用土将底盘四周填平夯实。

2)双杆底盘中心找正

①双杆杆坑检查完以后,放入底盘,并立刻复核两底盘中心高差。若高差超过规定,应吊起较低的一块底盘,填土夯实,然后再进行中心找正。

②找正前先在左右两副桩上拉细铁丝,使二副桩上的铁钉与中心桩上的铁钉成一直线,从中心桩铁钉向两边量出根开长度的一半处,用红漆或记号笔在铁丝上做出标记,即为底盘中心位置。自此点吊下线坠,使线坠尖端对准底盘木十字架中心。

2 引导问题

2.1 独立完成引导问题

2.1.1 填空题

(1)钢筋混凝土电杆在土质情况不太好或杆身较高时电杆底部应安装 _____ 和 _____。

(2)三盘是指 _____、_____ 和 _____。

(3)一般配电线路杆坑有底盘时挖成 _____ 形。

(4)挖掘杆坑时,坑底的规格要求是底盘四面各加 _____ 的裕度。

(5)标准坑深是指基础设计时计算的坑深,即从标 _____ 到 _____ 的距离。

(6)底盘的安装一般采用 _____ 法和 _____ 法。

2.1.2 关键问题

(1)挖掘基坑时,在技术上有什么要求?

(2)请画图说明单杆底盘的找正方法。

2.2　小组合作寻找最佳答案

采用扩展小组法,完成书末附表 1。

2.3　与教师探讨

重点对书末附表 1 中打"☑"的问题,特别是 4 对 4 讨论结果中打"×"的问题进行探讨。

3　计划决策

独立填写领料单、人员分工表,编写施工方案;小组合作讨论共同填写小组领料单,小组人员分工表,确定最佳施工方案。

4　预制混凝土基础任务实施

4.1　预制混凝土基础的施工准备

(1)工作负责人召集全组人员进行"二交二查"。

1)交待工作任务,交待易出错点及预防措施。

2)检查全组工作人员是否戴安全帽、是否规范着装(穿工作服、胶鞋、戴手套)。

3)检查个人工器具(电工工具、安全带)是否完好和齐全。

(2)以工作组为单位领取工机具和材料。

4.2　预制混凝土基础施工操作

(1)核对杆位标桩。

(2)钉辅助桩。

(3)坑口画线。特别注意:测量要认真,钉辅助桩要仔细,需做好记录。

(4)杆坑挖掘。

特别提示:

1)挖坑人员应戴安全帽。

2)当有人用镐挖掘时,其他人应先远离,以防误伤。

3)抛土要特别注意防止土石落回坑内。

4)在挖掘的过程中,要随时观察土质情况,发现有塌方的可能时,应采用挡土板或放宽坑口坡度等措施。

5)挖出的土,应堆放在离坑边 0.5 m 以外的地方。

6)挖好后,坑底一定要夯实,操平。

(5)安装底盘。

特别提示:

1)底盘要轻放,不能破坏坑底的平整。

2)底盘要放正,其中心要与电杆中心位置重合,且底盘的圆槽面应与电杆中心线垂直。

3)找正后应回填土夯实至底盘顶面。特别注意:文明施工,做好环保。

5 检查

(1)根据实际情况填写任务完成情况检查记录表。
(2)对施工过程中出现的问题进行分析,并填写施工问题分析表。

6 总结评价

每人对施工过程进行总结,小组合作完成汇报文稿。请各组根据任务完成过程,通过讨论填写任务完成评价表。

学习子情境 2 分段钢筋混凝土电杆组立

学习情境描述

在配电线路演练场预制混凝土基础坑中组立一 12 m 高的分段钢筋混凝土耐张电杆,要求符合电杆组立的技术要求。

学习目标

1. 了解排杆的重要性和钢筋混凝土电杆的连接方法。
2. 会搜集耐张杆组立方面的资料。
3. 能编制出最佳的(省工、施工误差小)施工工序,能举一反三。
4. 掌握耐张杆组立的操作要点,能完成分段电杆的立杆和横担、绝缘子的杆上组装。
5. 养成安全、规范的操作习惯和团结协作解决问题的能力。

学习引导

快速完成本工作任务的学习流程:同"学习子情境 1"。

1 相关知识

1.1 基础知识

1.1.1 电杆组立
电杆组立包括电杆的排杆连接、地面组装和整体立杆。
1.1.2 耐张杆塔的作用和特点
耐张杆塔也叫承力杆塔,是一种坚固、稳定的杆塔。为防止倒杆或断线事故范围扩大,设计中常把一条线路分为几个相对独立的受力段,在工程上称为耐张段,相应每段的两端杆塔称为耐张杆。耐张杆的特点是它要承受相邻两个耐张段导线的拉力差,因此要求它的强度比直线杆大。

耐张杆塔采用耐张绝缘子串,并用耐张线夹固定导线。通常在线路施工设计时按耐张段进行,故又称紧线杆。

1.2 混凝土耐张杆组立前的施工准备

1.2.1 人员分工
人员分工见表 2.5。

表 2.5 人员分工

序号	项 目	人数	备 注
1	工作负责人	1	—
2	操作	8	—

1.2.2 所需工机具

所需工机具见表 2.6。

表 2.6 所需工机具

序号	名 称	规格	单位	数量	备 注
1	人字抱杆	—	副	1	—
2	滑轮组	—	套	1	—
3	绞磨(或卷扬机)	—	台	1	—
4	钢丝绳	—	根	5	牵引、起吊、制动
5	白综绳	—	根	2	控制拉绳、吊绳用
6	转杆器	—	套	1	—
7	木夯	—	个	1	—
8	地锚	—	个	2	—
9	铁锹	—	把	4	—
10	登杆工具	—	套	2	—

1.2.3 所需材料

所需材料见表 2.7。

表 2.7 所需材料

序号	名 称	规格	单位	数量	备 注
1	钢筋混凝土电杆	H12	根	1	两段
2	卡盘	—	套	1	—
3	双横担	—	套	1	—
4	悬式绝缘子	—	片	12	—
5	针式绝缘子	—	个	1	—
6	杆顶支座	—	套	1	—

1.3 混凝土耐张杆的组立

1.3.1 排杆

由于钢筋混凝土杆笨重、运输不便,若要求强度比较大、高度比较高,则更加笨重,且不好运输。所以都制造成分段杆,运到现场后再进行连接。

排杆就是将分段杆按设计要求沿线路排列在地面上,其作用是为下一道工序——电杆的连接,做创造条件,并为立杆做好准备。

现场排杆时应符合下列要求：

(1)检查运到现场的杆段的规格,螺栓孔的位置、方向是否符合设计施工图的要求。

(2)检查杆段是否符合质量标准的规定,即预应力杆不得有纵向和横向的裂纹;普通钢筋混凝土杆不得有纵向裂缝,横向裂缝宽度不得超过规定。

(3)杆段的螺栓孔和接地孔的方向应按施工图的要求排放,杆段接头钢板圈互相对齐,并留有 2~5 mm 的间隙。

(4)根据施工图将各杆段按上、中、下和左、右排列放置。为使各杆段保持同一水平状态,排杆时应将地面整平或在各杆段下面垫以垫木或填土的草袋等,以免由于杆身自重而引起电杆的裂纹。

(5)在山区或丘陵地带,其场地往往不能满足排杆所需要的长度,这时可在杆顶处用支架支撑电杆。

(6)排杆时各杆段必须在同一轴线上,可通过拉一条线绳来检验是否在同一轴线上。

(7)移动杆段时不得用铁钎插入杆身撬动,可用绳子或牵引木棒拨动。

(8)排杆时直线单杆的杆身应沿线路中心线放置,直线双杆的杆身中心与线路中心线平行。

(9)对于转角杆杆身的排列轴线应位于该杆转角的角平分线上。

1.3.2 分段杆连接

分段钢筋混凝土电杆的连接方法有法兰盘螺栓连接和钢圈对口焊接两种。

(1)分段杆的法兰盘螺栓连接

法兰盘一般用铸钢浇制,然后分别焊在混凝土杆的主盘骨架上,组装时用螺栓连接。用法兰盘连接混凝土杆时,紧固接头处的连接螺栓要从四周轮换进行,必须保证两杆段在同一轴线上,并力求连接处严紧密合;组装时允许在法兰盘间加铁垫片调正杆身,但垫片的数量不易太多,一般不应超过 3 个,且总厚度不大于 5 mm。用法兰盘连接杆段的主要优点是施工简便,适应范围广,并且接头操作过程中不影响混凝土杆的质量,其缺点是耗钢量较多,造价较高,运输中容易产生变形。

(2)分段杆的焊接连接

焊接分为气焊和电弧焊。钢圈连接的钢筋混凝土杆宜采用电弧焊接。

进行钢筋混凝土杆的钢圈焊接时应符合下列规定:

1)操作人员必须是经过焊接专业培训并经考试合格的焊工,并使用合格的工器具。

2)焊接前,要清除钢圈焊口上的油脂、铁锈、泥垢等污物,并按规定将焊条烘焙。

3)应确保钢圈对齐找正,中间留有 2~5 mm 的焊接间隙。钢圈有偏心时,其错口不应大于 2 mm。

4)焊接时应保证安全。

5)焊口宜先点焊 3 或 4 处,然后对称交叉施焊。点焊所用焊条应与正式焊接用的焊条牌号相同。

6)当焊圈厚度大于 6 mm 时,应采用 V 形坡口多层焊接。多层焊缝的接头应错开,收口时应将熔池填满。焊缝中严禁填塞焊条或其他金属。

7)焊缝应有一定的加强面,其高度和覆盖宽度应符合表 2.8 的规定。

8)焊完后整杆的弯曲度不超过电杆全长的 1/1 000,超过时应割断重焊。

9)焊接接头应按要求进行防腐处理。

1.3.4 钢筋混凝土耐张杆的组立

为了施工方便,采用汽车吊立杆,一般是先在地面将横担组装好,当电杆吊离地面 0.5~0.8 m时,再将横担从杆顶套入并加以紧固,待电杆稳固后再进行调整。而采用固定式人字抱杆立杆时,一般的组装顺序则为:先立杆,立好杆后再进行杆上组装横担、安装绝缘子和金具等。若杆顶未封,则一定要将电杆顶端封堵好。

固定式人字抱杆吊立电杆,属于悬吊式立杆,其现场平面布置示意图如图2.8所示。该方法适用于立15 m及以下的拔梢杆,其优点是比较方便简单,基本上不受地形限制,在田野、城镇道路上施工均比较方便。

表 2.8 焊缝加强面尺寸

项 目	钢圈厚度 s(mm)	
	<10	10~20
高度 c	1.5~2.5	2~3
宽度 p	1~2	2~3

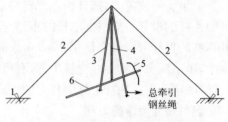

图 2.8 固定式人字抱杆吊立电杆现场平面布置示意图
1—地锚(桩);2—固定临时拉线;3—人字抱杆;
4—滑轮组;5—防倒绳;6—电杆

(1)固定式人字抱杆吊立电杆操作

1)立杆前,按图2.8所示做好准备,同时,全体组员明确施工方案和各自职责。1人指挥,制动绳、调整绳每根各由1人负责,绞磨由4人共同负责。

2)检查立杆工具、杆坑是否符合立杆要求;做好立杆准备。

3)绑扎抱杆,穿滑轮组,固定桩锚及其临时拉线。

4)将抱杆立在杆坑中心附近,调整临时拉线稳固抱杆,及时将拉线固定在桩锚上;设置转向滑轮至牵引方向。

5)将起吊电杆的钢丝绳绑扎在电杆重心以上0.5 m处;电杆梢部两侧各栓一根综绳作为控制拉绳,防止在起吊过程中左右倾斜 。

6)当电杆离地0.5 m左右时,停止起吊,全面检查临时拉绳的受力情况及地锚是否牢固。

7)检查无误后,继续缓慢均匀牵引,起吊过程中要随时注意各部的受力情况。

8)电杆起立入坑时,应注意临时拉线的受力情况。

9)电杆根部进入基坑时,要缓慢松下牵引绳,使杆根平稳落入基坑内的底盘中心。

10)调整两侧临时拉绳,使电杆垂直于地面并符合设计要求。

11)回填土分层夯实,当杆坑回填至离地面500 mm时夯实并整平,将卡盘吊入杆坑找正并安装固定到位后继续回填土并夯实,注意预留一定高度的防沉层。吊装卡盘时要执行起重的各项规定。

12)拆除立杆工具,整理、清擦工器具。清理现场,结束作业。

注意:起吊时,相互配合,只有配合到位才能保证安全、才能成功立杆。

(2)固定式人字抱杆立杆的要点

1)抱杆高度的选择：一般可取电杆重心高度加 2～3 m。

2)临时拉线绳长度的选择：据杆坑中心距离,可取电杆高度的 1.2～1.5 倍。

3)滑轮组的选择：应根据水泥杆的重量来确定。一般水泥杆质量为 500～1 000 kg,采用 1～2 个滑轮组；水泥杆质量为 1 000～1 500 kg,采用 2 个滑轮组；水泥杆质量为 1 500～2 000 kg,则可采用 2～3 个滑轮组来牵引。

4)吊点位置的选择：起吊电杆的钢丝绳,一般绑扎在电杆重心以上 0.5 m 处,对于 15 m 高的电杆单点起吊时,由于预应力杆有时吊点处承受的弯距较大,因此,必须采取回绑措施来加强吊点处的抗弯强度。

5)如果土质较差时,抱杆根部需辅垫垫木,以防止抱杆起吊时受力后下沉。

6)抱杆的根开一般根据电杆的重量与抱杆的高度来确定,计算比较复杂。根据实践经验可知抱杆的根开一般最好是在 2～3 m。根开太小,抱杆在起吊的过程中不稳定,容易倒塌；根开太大,则下压力易集中在抱杆中部,有可能造成抱杆折断。

(3)固定式人字抱杆吊立电杆时的注意事项

1)起吊过程要缓慢匀速。

2)电杆离地 0.5 m 左右时,应停止起吊,全面检查临时拉绳的受力情况及地锚是否牢固。

3)电杆入坑时,应特别注意上下的临时拉线受力情况,并要缓慢松下牵引绳,切忌突然松放而冲击抱杆。

4)当电杆直立后进行回填土、夯实及调整横担位置。

5)施工后及时做好清理,做到"工完、料净、场地清"。文明施工、保护环境。

(4)立杆时的安全注意事项

1)立杆前确定好立杆方案,明确分工,统一指挥。严禁工作人员不听号令,务行其事。仔细检查立杆工具,起重工具严禁超铭牌使用。

2)立杆现场严禁非工作人员逗留,必须撤离杆高的 1.2 倍距离之外的地方。

3)电杆起立,禁止任何人在杆下逗留。工作人员应分布在电杆的两侧,以防电杆突然落下伤人。

4)立杆时,禁止工作人员进行挖土等工作。

5)电杆立正以后要立即回填土,回填土要按要求分层夯实。回填土未夯实前,不准登杆,也不准拆除拦护绳。

6)拆除过程中应防止钢丝绳弹及面部、手部,并防止坠落伤人。

7)焊完后的电杆经自检合格后,在上部钢圈处打上焊工的代号钢印。

1.3.5 耐张杆杆上组装

杆上组装包括安装导线横担及绝缘子串等,耐张杆杆顶结构如图 2.9 所示。

(1)登杆前检查。登杆前应检查的事项有：

1)材料、工具准备到位,绝缘子清洁。

2)检查电杆是否稳固,安全帽、安全带、脚扣及电工工具是否合标准。

3)对安全带、脚扣做冲击试验。

4)穿戴到位。

(2)登杆至合适的操作位置,站稳并系好安全带。

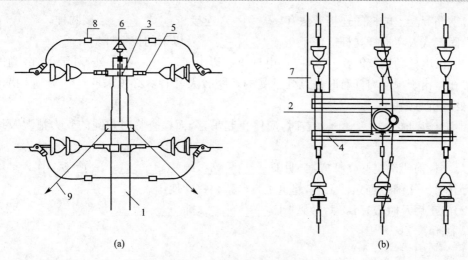

(a)　　　　　　　　　　(b)

图 2.9　耐张杆杆顶结构

1—电杆;2—M 形抱铁;3—杆顶支座抱箍;4—横担;

5—拉板;6—针式绝缘子;7—耐张绝缘子串;8—并沟线夹;9—拉线

(3)地面操作人员准备材料的起吊工作。

(4)杆上作业人员用吊绳吊起材料,开始组装。

1)安装杆顶支座。

2)安装拉线抱箍。

注意:拉线抱箍螺栓应顺线路方向,由送电侧穿入。

3)安装双横担。

4)安装耐张绝缘子。

注意:耐张绝缘子串上的弹簧销子、螺栓及穿钉应由上向下穿,当有特殊困难时可由内向外或由左向右穿入。

2　引导问题

2.1　独立完成引导问题

2.1.1　填空题

(1)耐张杆的特点是它要承受_____两个耐张段导线的拉力差,因此要求它的强度比直线杆_____。

(2)排杆的目的是为下一道工序——_____创造条件,并为_____做好准备。

(3)杆段的螺栓孔和接地孔的方向应按施工图的要求排放,杆段接头钢板圈互相对齐,并留有_____ mm 的间隙。

(4)排杆时各杆段必须_____,可通过拉一条线绳来检验是否_____。

(5)移动杆段时不得用_____插入杆身撬动,可用_____或_____牵引来拨动。

(6)排杆时直线单杆的杆身应沿_____线放置,直线双杆的杆身中心与_____中心线平行。

(7)钢筋混凝土电杆的连接方法有_____连接和_____连接两种。

(8)固定式人字抱杆立杆适用于立_____m及以下的拔梢杆。

(9)起吊电杆的钢丝绳,一般绑扎在电杆重心以上_____m处,对于15 m高的电杆单点起吊时,由于预应力杆有时吊点处承受的弯距较大,因此,必须采取_____措施来加强吊点处的抗弯强度。

(10)电杆离地_____m左右时,应停止起吊,全面检查临时拉绳的受力情况及地锚是否牢固。

(11)立杆前要确定好立杆方案,明确_____,统一_____。严禁工作人员不听号令,各行其事。仔细检查立杆工具,起重工具严禁超铭牌使用。

(12)施工后及时做好清理,做到"工_____、料_____、场地_____"。文明施工、保护环境。

2.1.2 选择题

(1)电杆组装以螺栓连接的构件如必须加垫片时,每端垫片不应超过( )。

(A) 1个　　　　(B) 2个　　　　(C) 3个　　　　(D) 4个

(2)10 kV电杆安装时,电杆调整好后,便可开始向杆坑回填土,每回填( )厚夯实一次。

(A) 150 mm　　(B) 200 mm　　(C) 250 mm　　(D) 500 mm

(3)耐张杆塔一般指直线耐张杆塔和小于( )的转角杆塔。

(A) 5°　　　　(B) 8°　　　　(C) 10°　　　　(D) 15°

(4)一个耐张段按现行国家标准,输电线路为3~5 km;配电线路为1~2 km,每隔3~5 km或( )需设立一个耐张段。

(A) 1~1.2 km　(B) 1~1.5 km　(C) 1~2 km　　(D) 1~2.5 km

(5)耐张杆上的耐张绝缘子串的个数,应比同型号绝缘子的直线杆上的悬垂绝缘子串多( )。

(A) 1~2个　　(B) 2~3个　　(C) 3~4个　　(D) 4~5个

2.1.3 问答题

(1)请写出排杆的关键点。

(2)请简述分段杆法兰盘螺栓连接的技术要点。

(3)用简练的语言描述倒固定式人字抱杆吊立电杆的操作要点。

2.2　小组合作寻找最佳答案

采用扩展小组法,完成书末附表 1。

2.3　与教师探讨

重点对书末附表 1 中打"☑"的问题,特别是 4 对 4 讨论结果中打"×"的问题进行探讨。

3　计划决策

独立填写领料单、人员分工表,编写施工方案;小组合作讨论共同填写小组领料单,小组人员分工表,确定最佳施工方案。

4　任务实施

4.1　施工准备

(1)工作负责人召集全组人员进行"二交三查"。
(2)以工作组为单位领取工机具和材料。

4.2　分段耐张杆整组立施工

(1)排杆、连接。特别注意:一要各分段顺线路方向摆放,根部在坑口边;二要使各段的中心线重合;三要使法兰盘螺栓孔对齐,并及时穿入螺杆进行连接。

(2)立杆。特别注意:分工要明确,配合要紧密,专人指挥。工作负责人不能参与具体的工作,随时注意全组人的安全。杆要正,基础夯实过程中注意及时将卡盘固定到地面以下500 mm 处电杆的受力侧。

(3)杆上组装。特别注意:高空作业安全。

(4)拆除立杆工具,清理现场,作业结束。特别注意:电杆稳固后才可拆除立杆工具,文明施工,做好环保。

5　检查

(1)根据实际情况填写任务完成情况检查记录表。
(2)对施工过程中出现的问题进行分析,并填写施工问题分析表。

6　总结评价

每人对施工过程进行总结,小组合作完成汇报文稿。请各组根据任务完成过程,通过讨论填写评价表。

学习子情境 3　带绝缘子拉线安装

学习情境描述

　　为配电线路演练场已完成拉线基础的耐张杆安装带拉线绝缘子的斜拉线,拉线采用型号为 GJ-50 的镀锌钢绞线。

学习目标

1. 了解拉线绝缘子的作用和使用场所。
2. 会搜集拉线安装方面的资料,能准确地测量拉线长度、计算下料长度。
3. 能编制出最佳的施工工序,能举一反三。
4. 掌握相应工具的使用技巧。
5. 掌握接线安装的操作技巧。
6. 养成规范的操作习惯,有团队协作意识,能解决实际问题。

学习引导

　　快速完成以下任务流程:

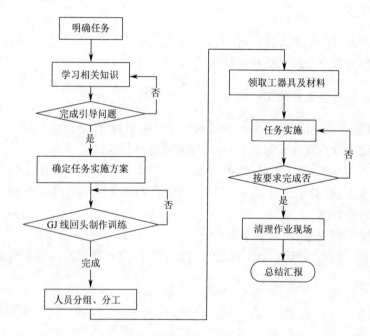

1　相关知识

1.1　基础知识

1.1.1　拉线绝缘子的作用

　　拉线绝缘子如图 2.10 所示,它的作用就是让地面处的拉线与导线之间有足够的安全绝缘距离,从而保证地面处的拉线安全无电。

图 2.10　拉线绝缘子

1.1.2　带拉线绝缘子的拉线结构

带绝缘子的拉线在结构上只比普通拉线多一个绝缘子,其拉线结构如图 2.11 所示,但这也使拉线多出一个中把。

《农村低压电力技术规程》规定,穿越或接近导线的电杆拉线必须装设与线路电压等级相同的拉线绝缘子。拉线绝缘子的安装位置,应使拉线断线而沿电杆下垂时,绝缘子离地面的高度在 2.5 m 以上,不致触及行人,如图 2.11 所示,同时使绝缘子距电杆最近应在 2.5 m 以上,以便在杆上作业时不致触及接地部分。

1.1.3　注意事项

(1)拉线位于交通要道或人易触及的地方,须套上斜拉线保护管(或警示管)。

(2)拉线的尾线应在楔形线夹、UT 形线夹的凸肚侧,线夹的凸肚均应朝向地面。

(3)安装完毕后要认真检查,防止遗留工具和余料。

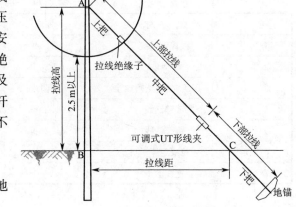

图 2.11　带拉线绝缘子的拉线结构

1.2　带绝缘子拉线安装前的准备

1.2.1　人员分工

人员分工见表 2.9。

表 2.9　人员分工

序号	项　　目	人数	备　　注
1	安全防护	1	—
2	拉线制作安装	4	—

1.2.2　所需工机具及安全用品

所需工机具及安全用品见表 2.10。

表 2.10　所需工机具及安全用品

序号	名　　称	规格	单位	数量	备　注
1	电工工具	—	套	2	—
2	断线钳	大号	把	1	—
3	紧线器	—	套	1	—
4	木手锤(或橡胶锤)	1.5 kg	个	1	—
5	卷尺	20 m	把	1	—
6	记号笔	—	支	1	—
7	吊绳	$\phi12$ mm;$L=10$ m	根	1	—
8	脚扣	—	副	1	—

1.2.3　所需材料

所需材料见表 2.11。

表 2.11　所需材料

序号	名　　称	规格	单位	数量	备　注
1	镀锌钢绞线	GJ-50	m	—	按需量取
2	楔形线夹	GJ-50 用	套	1	—
3	UT 形线夹(或花篮螺栓)	可调式	套	1	—
4	镀锌铁线	$\phi1.2$ mm	m	—	按需量取
5	镀锌铁线	$\phi3.2$ mm	m	—	按需量取
6	拉线绝缘子	—	个	1	—
7	钢线卡子	—	套	6	—

1.3　带绝缘子拉线安装程序

(1)测量拉线长度

安装好 UT 形线夹,1 人防护,1 人带圈尺登至杆上拉线包箍处,固定好安全带,手拿圈尺端头,放下卷尺,另 1 人接圈尺。

1)拉至 UT 形线夹处(可调丝扣之中间位置),拉直圈尺测所需拉线的长度,做好记录;

2)拉至拉线棒出土点处,测出包箍至拉线棒出土点的长度,做好记录;

3)垂直拉至地面,测量出拉线包箍至地面的垂直距离,做好记录。

(2)计算下料长

总下料长度＝测量值①＋上端回头长度(400 mm)＋下端回头长度(600 mm)＋拉线绝缘子处二回头的长度(400 mm×2)。

由于拉线绝缘子距地面不应小于 2.5 m,所以若拉线绝缘子距地面的距离按 3 m 计,则:

下段拉线的下料长度＝(3×测量值②)/测量值③－(测量值②－测量值①)＋400 mm×2。

(3)下料

用卷尺在钢绞线上量出所需长度,用记号笔做好标记。在标记的两侧各用 $\phi1.2$ mm 镀锌铁线(扎丝)分别绑扎 3~5 圈,用断线钳在标记处将钢绞线剪断。

（4）制作上段拉线

从所剪取的上段钢绞线的两端各量出 400 mm，做好标记。分别以标记为弯曲中心做好回头（注意：一端的回弯要与拉线绝缘子相适应），一端套入楔形线夹内（注意：线夹的凸肚应在尾线侧）。用木手锤敲击线夹本体，使楔子与线夹本体，楔子与钢绞线接触紧密，受力后无滑动现象。另一端穿入拉线绝缘子。

预留尾线与主线采用 $\phi 3.2$ mm 镀锌铁线绑扎，绑扎顺序由线夹侧向尾线侧（或拉线绝缘侧向尾线侧）。要求绑扎紧密无缝隙，最小绑扎长度为 200 mm。铁丝两端头拧 3 个"麻花"绞紧（注意不能超过尾线头），剪去余线后压置于两钢绞线中间。

（5）制作下段拉线

下段拉线同上，但只制作好中把回头，另一端先不做，其目的是为了进一步校正拉线的长度误差。

（6）安装上端

将拉线上把的楔形线夹凸肚朝下安装于拉线抱箍上的延长环中。

（7）制作下端回头

1）校验下端回头中心

将紧线器的尾线（用 $\phi 4.0$ mm 铁线制作）与拉线棒连接牢固，用紧线器夹紧钢绞线后紧线，将钢绞线与拉线棒紧成一条直线；拆下 UT 形线夹上的 U 形螺栓，把 U 形螺栓穿入拉线棒上部圆环内，再套入线夹，使线夹主体位于螺杆丝扣距顶部的 1/2 处，同时与钢绞线进行试配，量出应做回头的中心，做好标记。退出套入 U 形螺栓的线夹主体。亦可通过测量值①测出拉线下端的回弯中心。

2）制作下端回头

以所做标记为中心将钢绞线煨弯装入线夹内，线夹的凸肚在尾线侧。用木手锤将楔子与线夹本体敲紧，使线夹楔子与钢绞线接触紧密。要求最小绑扎长度为 200 mm。

量出钢绞线尾线预留长度（600 mm），做好标记，用 $\phi 1.2$ mm 镀锌铁线在记号内侧绑扎 3～5 圈，用断线钳在标记处将钢绞线剪断。然后将尾线与主线用 $\phi 3.2$ mm 镀锌铁线绑扎紧，绑扎时应从线夹侧向尾线侧先密缠 150 mm，再花缠 250 mm，后密缠 80 mm。

（8）安装下端

将线夹凸肚向下套入 U 形螺栓丝扣上，装上 U 形螺栓的螺母，并将两边螺杆螺母对应拧紧。拆掉紧线器，调整 UT 形线夹，将拉线棒、线夹、镀锌钢绞线拉紧。

2　引导问题

2.1　独立完成引导问题

2.1.1　填空题

（1）安装拉线绝缘子的目的是为了保证地面处的拉线与导线之间有足够的＿＿＿＿距离，从而保证地面处的拉线＿＿＿＿。

（2）《农村低压电力技术规程》规定，穿越或接近导线的电杆拉线必须装设与线路电压等级相同的＿＿＿＿。拉线绝缘子的安装位置应使拉线断线而沿电杆下垂时，绝缘子离地面的高度在＿＿＿＿m 以上，不致触及行人。

（3）拉线位于交通要道或人易触及的地方，须套上＿＿＿＿管。

(4)拉线的尾线应在楔形线夹、UT形线夹的_____侧,线夹的凸肚均应朝向_____。

2.1.2 选择题

(1)拉线安装完毕,UT形线夹或花篮螺栓应留有_____螺杆丝扣长度,以方便线路维修调整用。

(A) 1/2　　　　　(B) 1/3　　　　　(C) 1/4　　　　　(D) 1/5

(2)拉线弯曲部分不应有明显松股,拉线断头处与拉线主线应固定可靠,线夹处露出的尾线长度为_____,尾线回头后与本线应扎牢。

(A) 200~350 mm　　(B) 200~400 mm　　(C) 250~500 mm　　(D) 300~500 mm

(3)钢绞线拉线,应采用直径不大于_____的镀锌铁线绑扎固定,绑扎应整齐、紧密。

(A) $\phi3.0$ mm　　(B) $\phi3.1$ mm　　(C) $\phi3.2$ mm　　(D) $\phi3.3$ mm

(4)合股组成的镀锌铁线的拉线,可采用直径不小于_____的镀锌铁线绑扎固定,绑扎应整齐紧密。

(A) $\phi3.0$ mm　　(B) $\phi3.1$ mm　　(C) $\phi3.2$ mm　　(D) $\phi3.3$ mm

2.1.3 计算题

图2.12为12 m终端杆,横担距杆顶0.6 m,电杆埋深2 m,拉线抱箍与横担平齐,拉线与电杆夹角为45°,拉线棒露出地面1 m,电杆埋设面与拉线埋设面高差为3 m,求拉线长度。

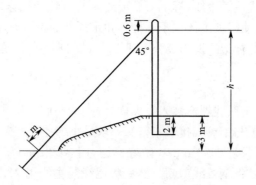

图2.12　12 m终端杆

2.1.4 问答题

(1)应如何测量拉线长度才会更准确?

(2)如何计算两段拉线的下料长度?

(3)应如何减小拉线的施工误差?

(4)怎么样才能有效保护各种金具及钢绞线的镀锌层?

(5)请概括带绝缘子拉线一次安装到位的关键点。

2.2 小组合作寻找最佳答案

采用扩展小组法,对照答案完成书末附表1。

2.3 与教师探讨

重点对书末附表1中打"◇"的问题,特别是4对4讨论结果中打"×"的问题进行探讨。

3 计划决策

独立填写领料单、人员分工表,编写施工方案;小组合作讨论共同填写小组领料单,小组人员分工表,确定最佳施工方案。

4 任务实施

4.1 拉线安装前关键技能训练——GJ-50型拉线回头制作

两人一组,按要求完成制作GJ-50型拉线回头。技术要求:

(1)回头的尾线长为300 mm,测量标记回弯中心。

(2)线夹的凸肚应在尾线侧。

(3)楔子与线夹本体,楔子与钢绞线接触紧密,受力后无滑动现象。

(4)绑扎顺序由线夹侧向尾线侧,绑扎紧密无缝隙,绑扎长度为100 mm。

(5)最后铁丝两端头拧有3个"麻花"。

制作过程安全、规范,操作过程中会用巧劲,制作成品符合技术要求。

4.2 拉线安装前施工准备

(1)"二交三查"。工作负责人召集全组人员进行如下工作:

1)交待工作任务;交待易出错点及预防措施。

2)检查全组工作人员是否戴安全帽、是否规范着装(穿工作服、工作胶鞋、戴手套)。

3)检查安全带是否完好,是否系好并使其在臀部上部位置。

4)检查工器具是否完好和齐全。

(2)工作组为单位领取工机具和材料。

4.3 施工操作

4.3.1 测量拉线长度

测量拉线长度需填写的表格如下：

项　　目	设计值（mm）	实测值（mm）	误差原因
拉线抱箍之螺栓至地面的距离			
拉线抱箍之螺栓至拉线棒出土点的距离			
拉线抱箍之螺栓至 UT 形线夹丝扣中心的距离			

4.3.2 计算下料长度

计算下料长度需填写的表格如下：

上段拉线			下段拉线		
下料长度	上端回头长度	下端回头长	下料长度	上端回头长度	下端回头长度

特别注意：测量要认真，计算要准确，下料前要先做标记，并对标记两边进行绑扎。

4.3.3 预制拉线

特别注意：

(1)制作回头时一定要控制好弯曲点。

(2)弯曲过程不可使力过大，可反复多次使其达到要求。

(3)钢绞线弹力较大，弯曲时一定要抓稳，且对面不能有人。

(4)用木手锤敲击时，应弯腰，双手外伸，要稳、准、给力。

4.4 安装拉线

特别注意：做好上端和中间回头后，做下端回头前要先进行预安装或再测量，以进一步保证拉线安装长度的准确性。

4.5 调整拉线

技术提示：通过调整 UT 形线夹（或花篮螺栓）的可调螺栓让拉线拉直即可。

5 检查

(1)根据实际情况填写任务完成情况检查记录表。

(2)对施工过程中出现的问题进行分析，并填写施工问题分析表。

6 总结评价

每人对施工过程进行总结，小组合作完成汇报文稿。请各组根据任务完成过程，通过讨论填写任务完成评价表。

学习子情境 4　人工架设导线

学习情境描述

钳接管钳压连接 LJ 导线和 LGJ-240 及以下任一型号导线；为配电线路演练场架设导线三相，导线三角形排列；导线型号为：LGJ-50。

具体任务有施工技术交底，选择放、紧线场地，清理道路，消除放线障碍，布置线盘，安装放线滑轮，放线，紧线及导线在绝缘子上绑扎固定等。

学习目标

1. 了解架空配电线路导线的类型、结构和钳压连接方法。

2. 会搜集导架设方面的资料。

3. 能编制出最佳的施工工序，能举一反三。

4. 能正确使用架线工器具。

5. 能按规程要求进行导线连接和架线操作，且能达到规范要求的质量标准。

6. 了解导线架设的组织措施、安全措施、技术措施和劳动保护措施。

7. 养成规范的操作习惯和良好的沟通习惯，善于团队协作，能解决现场出现的一般问题。

学习引导

快速完成任务流程：

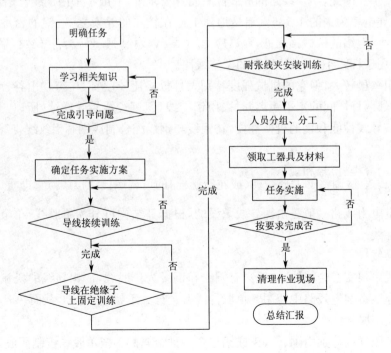

1 相关知识

1.1 基础知识

1.1.1 架空导线

（1）架空导线的作用

导线的作用是传导电流、输送电能。架空导线经常受风、冰、雨等及空气中的化学物质的侵蚀，因此，架空线路的导线不仅要有良好的导电性能，还应有足够的机械强度，且具有耐磨抗腐蚀及质轻价廉的特点。

（2）架空导线的材料

常用的导线材料有铜、铝、钢、铝合金等，各种导线材料的物理性能见表2.12。

表2.12 导线材料的物理性能

材料	20 ℃时的电阻率（10^{-6} Ω/m）	密度（g/cm³）	杭拉强度（N/cm²）	抗化学腐蚀能力及其他
铜	0.018	8.9	390	表面易形成氧化膜，抗腐蚀能力强
铝	0.029	2.7	160	表面氧化膜可防继续氧化，但易受酸碱盐腐蚀
钢	0.103	7.85	1 200	在空气中易锈蚀，须镀锌
铝合金	0.034	2.7	300	抗化学腐蚀能力好，受振动时易损坏

由表2.12可见，铜是比较理想的导电材料，当能量损耗、电压损耗相同时，铜导线截面比其他金属导线截面小，且具有良好的机械强度和抗腐蚀的性能，但由于铜相对于其他金属用途广泛而产量较小。因此，架空线路的导线除有特殊要求外，一般不采用铜线。铝作为导线来讲仅次于铜，其导电率为铜的1/1.6。铝是地球上存在较多的元素之一，铝的密度小，采用铝线时，杆塔受力小，但铝的机械强度低，允许应力小，导线放松时弧垂较大，导致杆塔高度增加，所以，铝导线只用于杆距小、10 kV以下的架空线路。

钢的电阻率虽较大，但它的机械强度特别大且价格比较便宜，在跨越山谷、河流等较大挡距（挡距即相邻两杆塔间的水平距离）时采用钢绞线，但钢绞线易受腐蚀，所以，必须镀锌。为充分利用铝的导线性能和钢的机械性能，将铝线与钢线配合制成钢芯铝绞线，广泛用于架空配电线路中。

（3）导线的分类、型号和规格

1）导线按结构分类

高压架空电力线路一般是由裸导线敷设的，根据其结构可分为单股线、单金属多股导线、复金属多股导线。

①单股导线

单股导线单根实心金属线，一般只有铜线和钢线为单股线，而铝导线的机械强度差，通常不作为单根导线在架空线路中使用。单股导线直径最大不超过6 mm，截面一般在10 mm²。

②单金属多股导线

单金属多股导线分别由铜、铝、钢或铝合金一种金属的多根单股线绞制而成，一般由7股、19股或37股相互扭绞制成多层绞线。多层多股绞线中相邻两层间的绞向相反，防止放线时导线扭花打卷。多股绞线比单股导线的优点是机械强度比较高;柔韧性和弹性好,施工方便且耐振能力强。

③复金属多股导线

复金属多股导线由两种金属的多根单股线绞制或由两种金属制成复合单股线绞制成多股绞线。前者如:钢芯铝绞线、扩径钢芯铝绞线、钢芯铝合金线、钢铝混绞线等;后者如:铜包钢绞线、铝包钢绞线等。

2)架空导线的规格与型号

架空导线的型号,按国家规定,一般由 3 部分表示,第一部分是表示导线的材料;第二部分是表示导线的结构特征;第三部分是表示导线的标称截面积。常用符号的意义为:T—铜线;L—铝线;G—钢线;J—绞制;J—加强型;Q—轻型;F—防腐;R—柔软;Y—硬。

导线型号如:G-5.0,表示导线直径为 5 mm 的单股镀锌钢线;TJ-25,表示标称截面为 25 mm² 的铜绞线;LJ-35,表示标称截面为 35 mm² 的铝绞线;LGJ-50,表示标称截面为50 mm² 的钢芯铝绞线;LGJJ-70,表示标称截面为 70 mm² 的加强型钢芯铝绞线;LGJ-35/6,表示铝线部分标称截面为 35 mm²,钢线部分标称截面为 6 mm² 的钢芯铝绞线。

普通型和轻型钢芯铝绞线用于一般地区;加强型钢芯铝绞线用于重冰区或大跨越地段。

常用导线的主要参数见表 2.13 和表 2.14。

表 2.13　钢芯铝绞线主要技术参数(GB 1179—1983)

标称截面铝/钢 (mm²)	根数/直径 (mm)		计算截面 (mm²)			外径 (mm)	直流电阻 (不大于) (Ω/km)	计算拉断力 (N)	计算质量 (kg/km)	交货长度 (不小于,m)
	铝	钢	铝	钢	总计					
10/2	6/1.50	1/1.50	10.60	1.77	12.37	4.50	2.706	4 120	42.9	3 000
16/3	6/1.85	1/1.85	16.13	2.69	18.82	5.55	1.779	6 130	65.2	3 000
25/4	6/2.32	1/2.32	25.36	4.23	29.59	6.96	1.131	9 290	102.6	3 000
35/6	6/2.72	1/2.72	34.86	5.81	40.67	8.16	0.823 0	12 630	141.0	3 000
50/8	6/3.20	1/3.20	48.25	8.04	56.29	9.60	0.594 6	16 870	195.1	2 000
50/30	12/2.32	7/2.32	50.73	29.59	80.32	11.60	0.569 2	42 620	372.5	3 000
70/10	6/3.80	1/3.80	68.05	11.34	79.39	11.40	0.421 7	23 390	275.2	2 000
70/40	12/2.72	7/2.72	69.73	40.67	110.40	13.60	0.414 1	58 300	511.2	2 000
95/15	26/2.15	7/1.67	94.39	15.33	109.72	13.61	0.305 8	35 000	380.8	2 000
95/20	7/4.16	7/1.85	95.14	18.82	113.96	13.87	0.301 9	37 200	408.6	2 000
95/55	12/3.20	7/3.20	96.51	56.30	152.81	16.00	0.299 2	78 110	707.7	2 000
120/7	18/2.90	1/2.90	118.89	6.61	125.50	24.50	0.242 2	27 570	379.0	2 000
120/20	26/2.38	7/1.85	115.67	18.82	184.40	15.07	0.249 6	41 000	466.8	2 000
120/25	7/4.72	7/2.10	122.48	21.25	146.73	15.74	0.234 5	47 880	526.6	2 000
120/70	12/3.60	7/3.60	122.15	71.25	196.40	18.00	0.236 4	98 370	895.6	2 000
150/8	18/3.20	1/3.20	444.76	8.84	152.30	16.00	0.198 9	32 860	461.4	2 000
150/20	24/2.76	7/1.85	145.68	18.82	164.50	16.67	0.198 0	46 630	549.4	2 000
150/25	26/2.70	7/2.10	148.86	21.25	172.11	17.10	0.193 9	54 110	601.0	2 000
150/35	30/2.50	7/2.50	147.20	34.36	181.62	17.50	0.196 2	65 020	676.2	2 000

续上表

标称截面铝/钢 (mm²)	根数/直径 (mm)		计算截面 (mm²)			外径 (mm)	直流电阻 (不大于, Ω/km)	计算拉断力 (N)	计算质量 (kg/km)	交货长度 (不小于, m)
	铝	钢	铝	钢	总计					
185/10	18/3.60	1/3.60	183.22	10.18	193.40	18.00	0.157 2	40 880	584.0	2 000
185/25	24/3.15	7/2.10	187.04	24.25	211.29	18.90	0.154 2	59 420	706.1	2 000
185/30	26/2.98	7/2.32	181.34	29.59	210.93	18.88	0.159 2	64 320	732.6	2 000
185/45	30/2.80	7/2.80	184.73	43.10	227.83	19.60	0.156 4	80 190	848.2	2 000
210/10	18/3.80	1/3.80	204.14	11.34	215.48	19.00	0.141 1	45 140	650.7	2 000
210/25	24/3.33	7/2.22	209.02	27.10	236.12	19.98	0.138 0	65 990	789.1	2 000
210/35	26/3.22	7/2.50	211.73	34.36	246.09	20.38	0.136 3	74 250	853.9	2 000
210/50	30/2.98	7/2.98	209.24	48.82	253.06	20.86	0.138 1	90 830	960.8	2 000
240/30	24/3.60	7/2.40	244.29	31.67	275.96	21.60	0.118 1	75 620	922.2	2 000
240/40	26/3.42	7/2.66	238.85	38.90	277.75	21.66	0.120 9	83 370	964.3	2 000
240/55	30/3.20	7/3.20	241.27	56.30	297.57	22.40	0.119 8	102 100	1 108	2 000
300/15	42/3.00	7/1.67	296.88	15.33	312.21	23.01	0.097 24	68 060	939.8	2 000
300/20	45/2.93	7/1.95	303.42	20.91	324.33	23.43	0.095 20	75 680	1 002	2 000
300/25	48/2.85	7/2.22	306.21	27.10	333.31	23.76	0.094 33	83 410	1 058	2 000
300/40	24/3.99	7/2.66	300.09	38.90	338.99	23.94	0.096 14	92 220	1 133	2 000
300/50	26/3.83	7/2.98	299.54	48.82	348.36	24.26	0.096 36	103 400	1 210	2 000
300/70	30/3.60	7/3.6	305.36	71.25	376.61	25.20	0.094 63	128 000	1 402	2 000
400/00	42/3.51	7/1.95	406.40	20.91	427.31	26.91	0.071 04	88 850	1 286	1 500
400/25	45/3.33	7/2.22	391.91	27.10	419.01	26.64	0.073 70	95 940	1 295	1 500

表 2.14　铝绞线主要技术参数(GB 1179—1983)

型号	标称截面 (mm²)	根数/直径 (mm)	计算截面 (mm²)	外径 (mm)	直流电阻 (不大于, Ω/km)	计算拉断力 (N)	计算质量 (kg/km)	交货长度 (不小于, m)
LJ-16	16	7/1.70	15.89	5.10	1.802	2 840	43.5	4 000
LJ-25	25	7/2.15	25.41	6.45	1.127	4 355	69.6	3 000
LJ-35	35	7/2.25	34.36	7.50	0.833 2	5 760	94.1	2 000
LJ-50	50	7/3.00	49.48	9.00	0.578 6	7 930	135.5	1 500
LJ-70	70	7/3.60	71.25	10.80	0.401 8	10 950	195.1	1 250
LJ-95	95	7/4.16	95.14	12.48	0.300 9	14 450	260.5	1 000
LJ-120	120	7/2.85	121.21	14.25	0.237 3	19 420	333.5	1 500
LJ-150	150	7/3.15	148.07	15.75	0.194 3	23 310	407.4	1 250
LJ-185	185	7/3.50	182.80	17.50	0.157 4	28 440	503.0	1 000
LJ-210	210	7/3.75	209.85	18.75	0.137 1	32 260	577.4	1 000
LJ-240	240	7/4.00	238.76	20.00	0.120 5	36 260	656.9	1 000

（4）架空导线的排列

3～10 kV 架空配电线路的导线一般采用三角形或水平排列；多回路的导线宜采用三角、水平混合排列或垂直排列。

1）相序排列

高压架空配电线路导线的排列顺序为：

城镇：从建筑物向马路侧依次为 A、B、C 相。

野外：一般面向负荷侧从左向右依次排列为 A、B、C 相。

2）档距

档距即相邻两杆塔间的水平距离。10 kV 及以下架空配电线路的挡距，应根据运行经验确定，如无行动资料时，一般采用表 2.15 中所列数值。10 kV 及以下耐张段（耐张段即是指相邻两个耐张杆间的区段）的长度不宜大于 2 km。

表 2.15　10 kV 及以下架空配电线路的档距

地　区　　　档　距（m）　　　线路电压（kV）	3～10	3 以下
城　区	40～50	40～50
郊　区	50～100	40～60

3）线间距离

架空配电线路线间最小距离，如无可靠的运行资料时，应不小于表 2.16 中所列数值。同杆架设 10 kV 及以下双回线路或多回路的横担间最小垂直距离，不应小于表 2.17 中所列数值。

表 2.16　10 kV 及以下架空配电线路线间最小距离

导线排列方式	档　距（m）								
	40 及以下	50	60	70	80	90	100	110	120
采用针式绝缘子或瓷横担的 3～10 kV 线路	0.6	0.65	0.7	0.75	0.85	0.9	1.0	1.05	1.15
采用针式绝缘子的 3 kV 以下线路	0.3	0.4	0.45	0.5					

注：3 kV 以下线路，靠近电杆两侧导线间的水平距离不应小于 0.5 m。

表 2.17　10 kV 及以下架空配电线路的档距（m）

横担间导线排列方式	直线杆（m）	分支或转角杆（m）
3～10 kV 与 3～10 kV	0.80	0.45/0.60
3～10 kV 与 3～10 kV 以下	1.20	1.00
3 kV 以下与 3 kV 以下	0.60	0.30

3～10 kV 架空配电线路的过引线、引下线与邻相导线间的净空距离不应小于 0.3 m；1 kV 及以下，不应小于 0.15 m；3～10 kV 架空配电线路的导线与拉线、导线与电杆、导线与架构间的净空距离不应小于 0.2 m；3 kV 以下时，不应小于 0.05 m。3～10 kV 架空配电线路的

引下线与低压线路间的净空距离不宜小于 0.2 m。

1.1.2　架空配电线路导线的接续

(1)导线接续的基础知识

电力架空线路一般采用 LJ、LGJ、TJ 型导线,其连接方式多是压接连接,压接的具体操作方法一般有钳压连接、液压连接和爆压连接。钳压连接是将导线插入钳接管(椭圆形接续管)内,用钳压器或导线压接机压接而成。钳压连接适用于铝绞线、铜绞线和 LGJ-25～LGJ-240 型钢芯铝绞线;液压连接与钳压连接相比,压接工具变成了液压钳,产生的压力更大,所用的接续管是圆筒形的铝接续管加钢接续管。一般用于 LGJ-240 型及以上、GJ-35～GJ-70 型、185 mm² 及以下的铝包钢绞线的直线接续、耐张线夹及跳线线夹的连接等。爆压连接是利用炸药爆炸所产生的压力来施压于接续管,将各种导线连接起来。爆压连接要求是连接管与线股间紧密接触无间隙,同时又不能损伤内层钢芯,即既需符合电气要求,又需符合机械要求。所以,爆压连接要求高,有一定的危险性,但在时间上能达到快速施工的目的。

(2)导线接续的基本原则

1)不同金属、不同规格、不同绞向的导线,严禁在同一档距内接续。

2)在大跨越、跨越铁路、主要通航河流、重要的电力线路、一级通信线和一、二级公路等跨越档内不允许有接头。

3)新建线路在同一档距中,每根导线只允许有一个接头。

4)导线连接应牢固可靠,档距内接头的机械强度不应小于导线抗拉力强度的 90%。

5)导线接头处应保证有良好的接触,接头处的电阻应不大于等长导线的电阻。

6)输电线路接续管与耐张线夹之间的距离不应小于 15 m,与悬垂线夹中心点的距离不小于 5 m,配电线路接头与固定点不小于 0.5 m。

(3)导线接续的制作要求

1)选择的接续管型号与导线的规格要配套。

2)压模数及压后尺寸应符合规定。

3)压接后导线端头露出长度不应小于 20 mm。

4)压接后的接续管弯曲度不应大于管长的 2%,有明显弯曲时应用木锤校直。

5)校直后的接续管不应有裂纹。

6)压接后接续管两端附近的导线不应有灯笼、散股等现象。

7)压接后接续管两端出口处、外露部分,应涂刷中性凡士林或防锈漆。

1.1.3　导线在绝缘子上的固定

(1)基本要求

1)施工前,根据技术要求核实并检查绝缘子及连接金具的规格型号与导线的规格型号是否相符,以确保安全。

2)检查绝缘子的瓷质部分有无裂纹、硬伤、脱釉等现象;瓷质部分与金属部分的连接是否牢固可靠;金属部分有无严重锈蚀现象。

3)高压针式绝缘子在横担上的固定必须紧固,且有弹簧垫。导线的绑扎必须牢固可靠,不得有松脱,空绑等现象。

4)不合格的绝缘子、金具不得在线路中使用。使用连接金具连接时,应检查其有无锈蚀破坏,螺丝脱扣等现象。

5)绑扎铝绞线或钢芯铝绞线时,应先在导线上包缠铝包带,铝包带宽为 10 mm,厚为 1 mm,其包缠长度应超出绑扎处两端各 20~30 mm。

6)绑扎线的材料应与导线材料相同。铝镁合金导线使用铝绑扎线时,铝绑扎线的直径应在 2.6~3.0 mm 范围内;使用铜绑扎线时,铜绑扎线的直径应在 2.0~2.6 mm 范围内。

7)绑扎。对于直线杆,导线应安放在针式绝缘子的顶槽,顶槽应顺线路方向;水平瓷横担的导线应安放在端部的边槽上;直线角度杆、导线应固定在针式绝缘子转角外侧的颈槽上;终端杆、导线应固定在耐张绝缘子串上。

(2)工艺要求

1)铝包带、绑扎线盘圆后应圆滑,铝包带、绑扎线上不能有硬折。

2)铝包带应从导线与绝缘子接触的中间部位缠起,顺导线绞向两侧缠,其缠绕长度为绑扎完毕后,露出绑扎线 20~30 mm。铝包带缠绕紧密、整齐、不叠压。

3)绑扎线绑扎紧密、无间隙。

1.2　导线架设前的准备

1.2.1　人员分工
人员分工见表 2.18。

表 2.18　人员分工

序号	项　目	人数	备　注
1	工作负责人	1	—
2	操作	9	—

1.2.2　所需工机具
所需工机具见表 2.19。

表 2.19　所需工机具

序号	名　称	规　格	单位	数量	备　注
1	断线钳	大号	把	1	—
2	卷尺	50 m	把	1	—
3	吊绳	$\phi 12$ mm;$L=10$ m	根	3	—
4	脚扣	—	副	3	—
5	开口铝滑轮	—	套	1	$\phi_{滑轮} \geqslant 10\phi_{导线}$
6	紧线器	—	套	1	—
7	绞磨(或卷扬机)	—	台	1	—
8	牵引绳	—	根	1	紧线用
9	滑车组	—	套	1	—
10	弛度板	—	套	2	—
11	压接钳	—	个	1	—
12	划印笔	—	只	1	—
13	卷尺	2 m	把	1	—

序号	名　　称	规格	单位	数量	备　注
14	钢丝刷	—	把	1	—
15	铝线切割器(或钢锯)	—	把	1	—
16	锉	—	把	1	—

注:开口塑料滑轮直径不应小于绝缘线外径的 12 倍,槽深不小于绝缘线外径的 1.25 倍,槽底部半径不小于 0.75 倍绝缘线外径,轮槽倾角为 15°。

1.2.3 所需材料

所需材料见表 2.20。

表 2.20　所需材料

序号	名　　称	规格	单位	数量	备　　注
1	导线	LGJ-50	m	150	—
2	耐张线夹	50 型导线用	个	6	—
3	高压针式绝缘子	—	个	3	—
4	铝包带	1×10 mm	卷	1	—
5	铝绑扎线	≥φ 2.0 mm	m	—	按需量取
6	悬式绝缘子	—	片	12	—
7	钳接管	同所接导线相	根	1	—
8	钳接管	同所接导线相	套	1	含铝衬垫
9	导线	LJ-25	m	—	按需量取
10	沙纸	0 号	张	1	—
11	汽油	—	kg	1	—
12	电力脂或中性凡士林	—	kg	0.5	—
13	铝包带	1×10 mm	盘	1	—
14	绑扎线	—	—	—	可用此 LJ 自制

1.3　导线接续

1.3.1　铝绞线接续的制作要求

(1)选择钳压管(各部尺寸见表 2.21,外形如图 2.13 所示)型号与导线的规格要配套。

表 2.21　铝绞线连接管各部尺寸

型号	适用铝绞线		主要尺寸(mm)				重量(kg)
	截面(mm²)	外径(mm)	直径	长径	厚度	长度	
QL-16	16	5.1	6.0	12.0	1.7	110	0.02
QL-25	25	6.4	7.2	14.0	1.7	120	0.03
QL-35	35	7.5	8.5	17.0	1.7	140	0.04
QL-50	50	9.0	10.0	20.0	1.7	190	0.05
QL-70	70	10.7	11.6	23.3	1.7	210	0.07
QL-95	95	12.4	13.4	26.8	2.0	280	0.10
QL-120	120	14.0	15.0	30.0	2.0	300	0.15
QL-150	150	15.8	17.0	34.0	2.0	320	0.16

(2)铝绞线压模数及压后尺寸应符合表 2.22 的规定。

表 2.22　铝绞线压模数及压后尺寸

铝绞线型号	模数	压后外径(mm)	a_1(mm)	a_2(mm)
LJ-16	6	10.5	28	20
LJ-25	6	12.5	32	20
LJ-35	6	14.0	36	25
LJ-50	8	16.5	40	25
LJ-70	8	19.5	44	28
LJ-95	10	23.0	48	32
LJ-120	10	26.0	52	33
LJ-150	10	30.0	56	34

图 2.13　钳压管外形

(3)LJ-25 导线连接时的压接位置及压接顺序如图 2.14 所示。

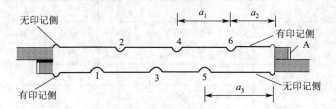

图 2.14　LJ-25 导线连接时的压接位置及压接顺序
A—绑线；1、2～6—压接顺序

1.3.2　铝绞线连接的操作程序及要点

(1)检查钳接管型号与导线规格匹配,压接管有无变形、裂纹、长度是否符合规定。检查压接钳是否正常,压模型号与压接管是否匹配。

(2)压接前压接管用镀锌铁线裹纱头,以气油将压接管内壁清洗干净。

(3)用划印笔在压接管上按规定压模模数及尺寸做好压接印记,并编号。

(4)导线端部绑扎后用钢丝刷刷去导线表面污垢,用 0 号沙纸磨平整,并用汽油擦洗揩干,洗擦长度为压接管长的 1.25 倍,然后涂一层电力脂或中性凡士林,再用钢丝刷刷去导线表面的氧化层。注意:电力脂或中性凡士林不应清除。

(5)将净化且除去氧化层后的铝绞线分别从压接管两端的无印记侧穿入压接管中。注意:线头两端外露 20～50 mm。

(6)选择使用机械或液压钳,配好与连接导线相匹配的压模。再次检查压接管内导线的穿入方向,正确无误后即可将导线钳接管放入压模内进行压接操作。

1)铝绞线连接管的压接应从一端有印记的一侧开始,按图 2.14 所示的压接顺序,由 1 到

⑥依次向另一端上下交替钳压。注意:每模压到位后应停留30 s后再松模。

2)禁止不按顺序跳压。

3)压接完毕并校直后,用木锤将压接管敲直。注意:不能损伤压接管。

1.3.3 钢芯铝绞线钳压连接的制作要求

(1)选择钳压管(钳压管与铝垫片外形如图2.15所示,各部尺寸见表2.23)型号与导线的规格要配套。

图2.15 钳压管和铝垫片形外

表2.23 钢芯铝绞线连接管各部尺寸

型号	适用铝绞线		主要尺寸(mm)				衬垫尺寸(mm)		重量(kg)
	截面(mm²)	外径(mm)	直径	长径	厚度	长度	宽度	长度	
QLG-35	35	8.4	9.0	19.0	2.1	340	8.0	350	0.174
QLG-50	50	9.5	10.5	22.0	2.3	420	9.5	430	0.244
QLG-70	70	11.4	12.5	26.0	2.6	500	11.5	510	0.280
QLG-95	95	13.7	15.0	31.0	2.6	690	14.0	700	0.580
QLG-120	120	15.2	17.0	35.0	3.1	910	15.5	920	1.020
QLG-150	150	17.0	19.0	39.0	3.1	940	17.5	1250	1.236

(2)钢芯铝绞线钳压连接的压模数及压后尺寸应符合表2.24的规定。

表2.24 钢芯铝绞线钳压连接压模数及压后尺寸

钢芯铝绞线型号	模数	压后外径(mm)	a_1(mm)	a_2(mm)
LGJ-25/4	14	14.5	32	15
LGJ-35/6	14	17.5	34	42.5
LGJ-50/8	16	20.5	38	48.5
LGJ-70/10	16	25.0	46	54.5
LGJ-95/20	20	29.0	54	61.5
LGJ-120/20	24	33.0	62	67.5
LGJ-150/20	24	36.0	64	70
LGJ-185/25	26	39.0	66	74.5

(3)LGJ-95导线连接时的压接位置及操作程序

LGJ-95/20导线连接时的压接位置及压接顺序如图2.16所示。

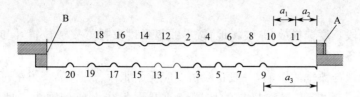

图 2.16　LJ-95/20 导线连接时的压接位置及压接顺序
A—绑线；B—垫片；1、2、3～20—压接顺序

1.3.4　钢芯铝绞线连接的操作程序及要点

(1)检查压接管型号与导线规格是否匹配,压接管有无变形、裂纹、长度是否符合规定。检查压接钳是否正常,压模型号与压接管是否匹配。

(2)压接前,用气油将压接管内壁清洗干净;压接条清洗干净。

(3)按规定压模模数及尺寸用划印笔在压接管上做好压接印记并编号。

(4)导线端部绑扎后用钢丝刷刷去导线表面污垢,用 0 号砂纸磨平整,并用汽油擦洗揩干,洗擦长度为管长的 1.25 倍,然后涂一层电力脂或中性凡士林,再用钢丝刷刷去导线表面的氧化层。注意:电力脂或中性凡士林不应清除。

(5)将净化、除氧化层后的钢芯铝绞线分别从压接管两端的无印记侧穿入压接管中,同时垫好垫片(衬条),导线端头露出 20～50 mm。注意:连接后端头的绑线应保留。

(6)选配好与连接导线相匹配的压模。再次确认压接管内导线的穿入方向正确后即可将导线压接管放入压模内进行压接操作。

1)钢芯铝绞线连接管的压接应从中间开始,依次向一端上下交替钳压完成后,再从中间向另一端上下交替钳压,如图 2.16 所示的从 1 到 20 依次钳压。每模压到位后应停留 30 s 后才松模。

2)禁止不按要求顺序跳压。

3)压接完毕后,用木锤将压接管敲直,注意防止损伤压接管。

(7)检查钳压连接的压口数及压后尺寸应符合标准规定,允许误差±0.5 mm。LGJ-50 导线压接完成后的实物如图 2.17 所示。

图 2.17　LGJ-50 导线压接完成后的实物

1.4　导线架设

1.4.1　放线前的准备

(1)概述

1)了解线路情况和施工方法。

2)清理道路,消除放线障碍。对必经的易损坏导线的坚石地段和尖利杂物地区,应采取防护措施以保护导线。

3)清点和检查工具。放线采用开口铝滑轮,所采用的放线滑轮直径应为导线直径的 10 倍以上。

4)依据耐张段长度选择放、紧线场地;按导线盘长度安排好安放位置,同时做好导线接头用工具材料的准备工作。

5)考虑到地形与弧垂的影响,一般布线裕度应比耐张段长度增加 5% 左右。

6)布线时还应考虑到,导线接头的位置应离开耐张线夹或悬垂线夹,跨越档内不准有接头。

7)在线路经过的铁路、公路、河流及与弱电线路交叉处,应搭设越线架。

跨越通航河道时,应向航道管理部门申请封航施工。应事前做好有关电力线停电及交通指挥的联系工作。

(2)放线的准备工作

放线前应检查导线的规格、型号是否与设计要求相一致,有无严重的机械损伤,如断线、破损、背股等情况,特别是铝线,还应观察有无严重腐蚀现象。

导线损伤达到下列情况之一时,必须锯断重接:

1)在一个补修金具的有效修补长度范围内,单金属绞线超过总截面的 17%,钢芯铝绞线超过总截面的 25%,或损伤截面在允许范围内,其修补长度超过一个修补管的范围。

2)钢芯铝绞线的钢芯断股。

3)金钩、破股已使钢芯或内层线股形成无法修复的永久变形。

导线损伤在表 2.25 范围内,允许缠绕或以修补金具修补处理。

表 2.25　导线损伤允许缠绕或修补的标准

处理方法	钢芯铝绞线	单金属绞线
缠绕	在同一截面处铝股损伤面积超过导电部分总截面 5%,而在 7% 以内	在同一截面处损伤面积超过总截面的 5%,而在 7% 以内
补修金具补修	在同一处铝股损伤面积占铝股的总面积的 7% 以上,25% 以下	在同一截面处损伤面积超过总截面的 7% 以上,17% 以下

缠绕或修补时,导线损伤部分应位于缠绕束或补修金具两端各 20 mm 以内。

4)导线受损的影响。

①导线受伤在运行中易产生电晕,电晕造成损耗,干扰弱电。

②受伤后的导线会降低机械强度,在运行中易断线。

③导线受伤后会降低截面积,减少输送负荷,且受伤处因截面积变小而使其电阻加大,温度升高,受力后又易被拉长,因而形成恶性循环。

(3)线轴布置

线轴布置应根据节省劳动力和减少导线接头的原则,按耐张段布置。布置时应注意以下几点:

1)交叉跨越档距中不得有接头。

2)线轴放在同一耐张段处,可由一端展放,或在两端放线轴,以人力或机械来回带线。

3)架设的线轴应水平,线轴转动灵活。

4)放置线轴时,必须设置制动装置控制线轴的转动速度。

5)安置线轴时,导线的出线头应在线轴下方引出(上端引出线头时线轴不稳),对准拖线方向。

(4)安装放线滑轮

放线滑轮采用螺栓固定在角钢横担上,架空导线的放线滑轮直径不应小于导线直径的 10 倍。放线滑轮在使用前应先检查,并确保转动灵活。

(5)放线通信联系

放线的通信联系极为重要,利用无线对讲机作为通信联系,确保通信畅通。

1.4.2　放线

选择气候干燥,无大风、气温正常的晴好天气放线。放线的方法有地面放线和张力放线。

张力放线:导线在展放过程中始终承受到较低的张力,在空中牵引,可避免导线与地面的磨擦及损伤地面农作物,提高工效,减少劳动力,降低成本。但其施工工艺较复杂,在配电线路施工中用的较少。

(1)放线的组织工作

为了确保放线工作的顺利进行和人身、设备的安全,应做好组织工作。对于下述工作岗位,应指定专人负责,并将具体工作任务交待清楚。

1)每个线轴的看管。

2)每根导线拖线时的负责人。

3)每基杆塔的监护。

4)各重要交叉跨越处或越线架处的监视。

5)沿线通信负责人。

6)沿线检查障碍物的负责人。

(2)放线作业

1)放线架应支架牢固,出线头应在线轴的下方,线轴处应设专人负责指挥和看护,若有导线质量问题,如磨伤、散股和断线等,应立即停止放线,待处理后继续进行。

2)导线经过地区要清除障碍,在岩石等坚硬地面处,应垫稻草等物,以免磨伤导线。

3)在放线过程中应设专人监护,防止导线出现磨伤、金钩、断股等,如发现上述情况,应及时发出信号,停止牵引,并标明记号进行处理。

4)在每基电杆上应安装铝制滑轮,将导线放在轮槽内,以利滑动,避免磨损。

5)在每基杆位应设专人监护,注意滑轮转动是否灵活,导线有无掉槽现象,压接管通过滑轮是否卡住。

6)放线有人力、畜力和机械放线 3 种方法。人力牵引导线放线时,拉线人之间要保持适当的距离,以不使导线拖地为宜。领线人应对准前方,不得走偏,每相线间不得交叉,随时注意信号,控制拉线速度。放线速度要尽量均匀,不应突然加快,以防线架倾倒。

7)牵引导线到一杆塔处时,应越过杆塔一定距离后停止牵引,将导线用绳索吊起放入放线滑轮内,再继续向前牵引拖放线。

8)放线过程中如出现导线卡滞现象,护线人员应在线弯外侧用大绳处理,不能用手推拉,否则会出现危险。

9)放线的顺序是先上层导线后下层导线,特别注意放线后导线不得相互交错。

10)当线盘上导线放到只剩几圈时,应暂停牵引,由线轴监护人员转动线盘将余线放出。

张力放线:在展放中始终承受到较低的张力,在空中牵引,可避免导线与地面的摩擦及损伤地面农作物,提高工效,减少劳动力,降低成本。采用机械牵引导线时,牵引钢丝绳与导线连接的接头通过滑车时,应设专人监视,牵引速度不超过 20 m/min。

(3)放线安全注意事项

1)放导线等重大施工项目,应制订安全技术措施。

2)放线时,应设专人统一指挥,统一信号,紧线工具及设备应良好。

3)放线时,要一条一条地放,不要使导线出现磨损、断股和死弯。若出现此现象,应及时做出标记,以便处理。

4)放线时若需跨过带电导线时,应将带电导线停电后再施工,如停电困难时,可在跨越处搭跨越架子。如公路放线,要有专人观察来往车辆,以免发生危险。

1.4.3 紧线

紧线的程序是:从上到下,先紧中间,后紧两边。

(1)杆塔临时补强

紧线耐张段两端的耐杆塔均需在横担挂线处安装临时补强拉线。

(2)紧线前的准备工作

1)重新检查、调整紧线耐张段两端耐杆塔的临时补强拉线,以防杆塔受力后发生倒杆事故。

2)全面检查导线的连接及补修质量,确保符合规定。

3)检查并清除紧线区间未清除的所有障碍物(如房屋、树木等),应全部清除。

4)确定观察弧垂档,观察弧垂人员均应到位,并做好观察准备。

5)保证通信畅通,全部通信人员和护线人员均应到位,以便随时观察导线情况,防止导线因卡在滑轮中而被拉伤或拉偏横担,甚至出现断线或倒杆事故。

6)在地面放线越过路口处时,有时会将导线临时埋入地下或用支架将其悬在空中,在紧线前一定要将其挖出或脱离支架。

7)冬季施工时,应检查导线通过水面的区段是否被冻结。

8)逐基检查导线是否悬挂在滑轮槽内。

9)牵引设备和所用的紧线工具准备就绪。

10)所有交叉跨越线路的措施稳妥可靠,主要交叉处有专人照管。

(3)紧线

1)线路较长,导线截面积比较大时,可利用绞磨或卷扬机进行。

①将缠铝包带的导线与放线终端杆横担上预先安装好的耐张绝缘子串连接固定好。

②导线的另一端由牵引绳上的紧线夹握紧,在导线夹握紧处应缠麻布保护,以免损坏导线。

③ 一切就绪后,开动牵引设备将导线慢慢收紧。注意紧线时应听从统一指挥,明确松紧信号,当导线收紧到一定程度时,即接近观察弧垂时,减慢牵引速度,一边观察弧垂一边牵引。待弧垂符合设计要求时,即可停止紧线。

④将已拉紧的导线缠好铝包带,装上耐张线夹,与已组合好的绝缘子串连接之后,慢慢松钢丝绳,使导线处于自由拉紧状态。所有导线装好后,最后再检查一次弧垂,若无变动,紧线工作即告完成。

2)对于一般中小型铝绞线或钢芯铝绞线可用紧线器,其操作方法是:

①将缠铝包带的导线与放线终端杆横担上预先安装好的耐张绝缘子串连接固定好。

②用人力初步拉紧。

③一切就绪后,即可分别用紧线器将横担两侧的导线同时慢慢收紧,以免横担受力不均匀而歪斜。当导线收紧到一定程度时,即接近观察弧垂时,减慢紧线速度,一边观察弧垂一边紧线。待弧垂符合设计要求时,即可停止紧线。

④将已拉紧的导线缠好铝包带,装上耐张线夹,与已组合好的绝缘子串连接之后,慢慢松钢丝绳,使导线处于自由拉紧状态。所有导线装好后,最后再检查一次弧垂,若无变动,紧线工作即告完成。

(4)观察弧垂

1)观察弧垂档的确定

①紧线段在 5 档及以下时,靠近中间选择一大档距。

②在 6~12 档时,靠近两端各选择一大档距作为观测档,但不宜选择有耐张杆的档距。

③在 12 档以上时,靠近两端及中间各选择一大档距作为观测档。

④观测档宜选择档距较大和悬挂点高差较小及接近代表档的线档。

⑤弧垂观测档的数量可以根据现场条件适当增加,但不得减少。

⑥观测档位置分布应比较均匀,相邻观测档间距不宜超过 4 个线档。

⑦观测档应具有代表性,如连续倾斜档的高处和低处,较高的悬挂点的前后两侧,相邻紧线段的结合处,重要的跨越物附近的线档应设观测档。

⑧宜选择对邻线档监测范围较大的塔号作观测点,不宜选邻近转角塔的线档作观测档。

2)观察弧垂

①平行四边形法观察弧垂,又称等长法,等长法观察弧垂如图 2.18 所示。

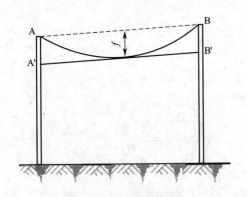

图 2.18　等长法观察弧垂

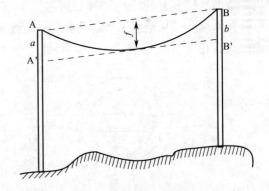

图 2.19　异长法观察弧垂

从观测档的二悬挂点沿电杆向下量取现气象条件下该档距的弧垂 f(一般可通过查表或查导线安装曲取得)得两点,再将弛度板分别安置于此两点 A′和 B′处。观察人员在杆上目测弛度板,在收紧导线时,当导线最低悬点与二弧垂板观察点在一条直线上时,即可停止紧线,导线的弧垂即为观察弛度 f。

②异长法观察弧垂

异长法观察弧垂如图 2.19 所示,此方法适用于导线悬挂点不等高的地段,其方法是:查弧垂表找出弧垂值,因导线悬挂点有高差,弧度板的数值可通过式 $2\sqrt{f} = \sqrt{a} + \sqrt{b}$ 计算。给 a 一个近似于弧垂的值,即可通过此式求得一个 b 值。

1.4.4　在高压针式绝缘子上固定导线

如是直线杆,将导线从开口滑轮中取出放于针式绝缘顶槽内。如是转角杆,则将导线从开口滑轮中取出放于针式绝缘子线路外侧的边槽上。

(1)绑扎前的准备

1)用记号笔标记导线与绝缘子接触的中间部位,测量铝包带需包缠导线的长度。

2)选取材料。铝包带选用 10 mm 宽,1 mm 厚,绑扎线与导线规格相同(也可用 LJ 线自制绑扎线)。

3)找出铝包带中间点,将铝包带从两端盘成圆滑、大小适中的"◎◎"形双圈;绑扎线盘成圆滑、大小适中的圈,并留一个短头,其长度约为 250 mm,如"◎"形。

(2)缠铝包带

从导线的标记处向两端开始顺导线绕向紧密缠绕铝包带,长度露出绑扎处 20～30 mm。

(3)导线在高压针式绝缘子顶上的绑扎操作

1)把导线嵌入绝缘子顶部线槽内,如图 2.20 所示。

2)用盘好的绑扎线短头在绝缘子右侧导线上缠绕 3 圈,其方向是从导线外侧,经导线下方绕向导线内侧。绑扎起头位置应靠近绝缘子,如图 2.20(a)所示。

3)用盘起来的绑扎线从绝缘子颈部外侧绕到绝缘子右侧的导线上绑 3 圈,其方向是从导线下方经外侧绕向导线上方,如图 2.20(b)所示。

4)再将绑扎线从绝缘子颈部内侧绕到绝缘子左侧的导线上再绑 3 圈,其方向是由导线下方经外侧绕到导线上方,如图 2.20(c)所示。

5)将绑扎线从绝缘子颈部外侧绕到绝缘子右侧的导线上再绑 3 圈,其方向是从导线下方经内侧绕向导线上方,如图 2.20(d)所示。

6)再将绑扎线从绝缘子颈部内侧绕到绝缘子左侧导线下面,并从导线外侧上来,经过绝缘子顶部叉压在导线上,如图 2.20(e)所示。

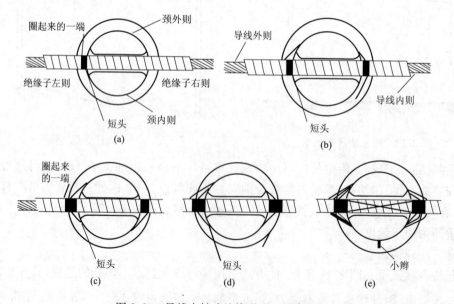

图 2.20　导线在针式绝缘子顶上的绑扎固定

7)从绝缘子右侧导线内侧绕到绝缘子颈部外侧,并从绝缘子左侧导线的下侧经导线内侧上来,经过绝缘子顶部交叉在导线上,此时在绝缘子顶部形成一个十字叉压在绝缘子上面的导线上,如图 2.20(e)所示。

8)重复 6)和 7),在绝缘子顶部形成又一个十字叉压在绝缘子上面的导线上。

9)最后把绑扎线从绝缘子右侧导线下方绕到绝缘子颈部内侧绕到绝缘子右侧导线下方,与绑扎线另一端的短头在绝缘子颈部内侧中间扭绞成 2~3 圈的"麻花小辫",剪去余线,将"麻花小辫"顺绝缘子颈部压平,如图 2.20(e)所示。

(4)导线在高压针式绝缘子颈侧的绑扎操作

与在顶槽上的绑扎方法相似,左 3 圈,侧绑两个十字花,右 3 左 3 再右 3,端头扭辫剪余压平即可。

2 引导问题

2.1 独立完成引导问题

2.1.1 填空题

(1)常用的导线材料有_____,_____是比较理想的导电材料。

(2)高压架空电力线路一般都是由裸导线敷设的,根据其结构可分为_____导线、_____导线和_____导线。

(3)3~10 kV 架空配电线路的导线一般采用_____或_____排列;多回路的导线宜采用_____、_____混合排列或_____排列。

(4)高压架空配电线路导线的相序排列顺序为城镇:从建筑物向马路侧依次为_____相。

(5)_____连接适用于 LJ 线、TJ 线和 LGJ-25~LGJ-240 型钢芯铝绞线的接续。

(6)导线接头处应保证有良好的接触,接头处的电阻应不大于_____长导线的电阻。

(7)选择接续管型号应与_____的规格配套。

(8)压接后的接续管弯曲度不应大于管长的 2%,有明显弯曲时应用_____锤校直。

(9)压接后接续管两端出口处、外露部分,应涂刷_____或_____。

(10)高压针式绝缘子在横担上的固定必须_____,且有_____垫。导线的绑扎必须牢固可靠,不得有_____,_____等现象。

(11)绑扎线的材料应与安装导线材料_____。绑扎铝绞线或钢芯铝绞线时,应先在导线上包缠_____,其包缠长度应超出绑扎处两端各_____ mm。

(12)对于直线杆,导线应安放在针式绝缘子的_____槽上,_____槽应顺线路方向;直线角度杆,导线应固定在针式绝缘子转角_____侧的_____槽上;终端杆,导线应固定在_____上。

(13)铝包带应从导线与绝缘子接触的_____部位缠起,_____导线绞向两侧缠,其缠绕长度为绑扎完毕后,露出绑扎线 20~30 mm。铝包带缠绕应_____。

2.1.2 选择题

(1)导线为水平排列时,上层横担中心距杆顶距离不宜小于(   )。

(A) 150 mm   (B) 200 mm   (C) 100 mm   (D) 220 mm

（2）LGJ-50 是截面为 50 mm² 的（   ）。

（A）铝绞线 　　　　　　　　　　（B）钢绞线

（C）加强型钢芯铝绞线 　　　　　　（D）钢芯铝绞线

（3）在 10 kV 架空配电线路中，水平排列的导线其弧垂相差不应大于（   ）。

（A）100 mm 　　　（B）80 mm 　　　　（C）50 mm 　　　　（D）30 mm

（4）架空配电线路中，在一个档距内每根导线的接头不得超过（   ）。

（A）1 个 　　　（B）2 个 　　　　（C）3 个 　　　　（D）4 个

（5）架空配电线路中，导线的接头距导线固定点不得小于（   ）。

（A）0.3 m 　　　（B）0.4 m 　　　　（C）0.5 m 　　　　（D）1.0 m

（6）安装线夹时，在导线上应先缠绕铝包带，缠绕方向与外层导线绕向（   ）。

（A）一致 　　　（B）相反 　　　　（C）任意 　　　　（D）交替

2.1.3　问答题

（1）你所了解的架空导线的材质有哪些？各用在哪里？

（2）请画图说明 LGJ 线的钳压连接方法和注意事项。

（3）LJ 线和 LGJ 线钳压连接操作要点有何异同？为什么？

（4）请简述人工架设中压配电线路导线的作业流程，总结人工放线的操作要点。

（5）试用简单、流畅的语言总结导线在高压针式绝缘顶槽中的固定方法。

2.2　小组合作寻找最佳答案

采用扩展小组法,对照答案完成书末附表 1。

2.3　与教师探讨

重点对书末附表 1 中打"◎"的问题,特别是 4 对 4 讨论结果中打"×"的问题进行探讨。

3　计划决策

独立填写领料单、人员分工表,编写施工方案;小组合作讨论共同填写小组领料单,小组人员分工表,确定最佳施工方案。

4　任务实施

4.1　施工前的关键技能训练

4.1.1　LJ 线、LGJ 线钳压连接

可采用 2 人 1 组,每两组互换 1 名组员,组成临时小组 A 和 B。A 小组练 LJ 线的钳压连接;B 小组练 LGJ 线的钳压连接。练成之后再回原组,互相指导对方完成对方未练过的导线接续方法。2 人分别完成每种方法的(1)～(5)步;第(6)步可与其他组员一同配合完成,达到节材环保的目的。

(1)LJ 线钳压连接

1)用汽油洗净钳压管内壁。

2)做压接印记,标钳压顺序。

3)去除导线表面污垢,涂上电力脂,刷去氧化层。

4)将铝绞线穿入压接管。特别提示:铝绞线应从无印记侧穿入,线头外露 20～50 mm。

5)选配压模,确认导线穿入方向。

6)按要求进行压接操作。特别提示:按顺序,压到位,停留 30 s。

7)校直。

(2)LGJ 线钳压连接

1)用汽油洗净钳压管内壁。

2)做压接印记,标钳压顺序。

3)去除导线表面污垢,涂上电力脂,刷去氧化层。

4)将铝绞线、铝衬条穿入压接管。特别提示:先将一条铝绞线从无印记侧穿入,再插入铝衬条,最后将另一条铝绞线从钳压管的另一端无印记侧穿入,线头外露 20～50 mm。

5)选配压模,确认导线穿入方向。

6)按要求压接。特别提示:按顺序,压到位,停留 30 s。

7)校直。

4.1.2　导线在高压针式绝缘子上的固定

每两组互换 1 名组员,组成临时小组 A 和 B。A 小组练导线在绝缘子顶槽上的绑扎方法;B 小组练导线在绝缘子颈槽上的绑扎方法。练成之后再回原组,互相指导对方完成对方未练过的绑扎方法。

(1)绑扎前准备

1)将一安装有针式绝缘子横担固定在电杆的 1 m 高处。

2)准备好一段 LJ 线和一段 LGJ 线。

3)在导线上做绑扎中心标记。

4)准备铝包带和绑扎线,并将其绕成标准的圈。

(2)导线在高压针式绝缘子顶槽上的绑扎

1)按要求缠铝包带。

2)按要求将 LGJ 线绑扎在针式绝缘子顶槽。

特别提示:

①绑扎起头位置应靠近绝缘子。

②绑扎口诀为:量中划线缠铝带,绑线绕卷预留250;短头左侧缠 3 圈 ,右 3 左 3 再右3;导线上压 2 十字,扭辫剪余顺颈压。

3)操作完成后对作品进行自我评价和经验总结。

将绑扎线、铝包带拆下来,拉直(可借助电杆,但注意绑扎线、铝包带上的弯要顺着展开,用力适中,否则铝绑线易断,铝包带易变形),测量,完成铝包带、绑扎线用料记录表2.26。

表 2.26 铝包带、绑扎线用料记录表

绝缘子型号	导线型号	铝包带规格	绑扎线长度	铝包带长度

(3)导线在高压针式绝缘子颈槽上的绑扎

1)按要求缠铝包带。

2)按要求将 LGJ 线绑扎在针式绝缘子颈槽。

特别提示:

①绑扎起头位置应靠近绝缘子。

②绑扎顺序口诀为:量中划线缠铝带,绑线绕卷预留250;短头左侧缠 3 圈,导线上压 2 十字;右 3 左 3 再右3,扭辫剪余顺颈压。

3)操作完成后对作品进行自我评价和总结经验完成表2.26。

4.1.3 安装螺栓型耐张线夹

将螺栓型耐张线夹安装于 ZJ 或 LGJ 线端头适当位置。

两人一组,一人操作,一人协助,二人分工交替进行。需求每人都能熟练完成安装操作。

(1)在导线上画出安装耐张线夹的标记。

(2)在标记处缠绕铝包带。

特别提示:认真测量并记录铝包带缠绕前的长度和缠绕后的余长,计算出安装该型号耐张线夹时所需缠绕铝包带的下料长度,积累经验,节约资源。

(3)将导线放入耐张线夹槽内。注意,导线端头应在耐张线夹的引流线侧。

4.2 人工架设导线前准备

(1)工作负责人召集全组人员进行"二交三查"。

(2)以工作组为单位领取工机具和材料。

4.3　施工操作

(1)放线。

1)清理路径,消除障碍;清点和检查工具。

2)在绝缘导线的牵引端安装牵引网套。

3)在横担上安装开口塑料滑轮或套有橡胶护套的开口铝滑轮。

4)一边放线一边逐档将导线吊放在滑轮内前进。

(2)紧线。特别注意:紧线时,任何人不得在悬空的绝缘导线下停留,必须呆在导线20 m以外的地方。

(3)在绝缘子上固定导线。

特别注意:

1)直线杆,采用顶槽绑扎法;直线角度杆,采用边槽绑扎法。

2)先缠铝包带,后绑扎。

3)绑扎线长度按训练时的测量值截取。

(4)清理作业现场,结束作业。

5　检查

(1)根据实际情况填写任务完成情况检查记录表。

(2)对施工过程中出现的问题进行分析,并填写施工问题分析表。

6　总结评价

每人对施工过程进行总结,小组合作完成汇报文稿。请各组根据任务完成过程,通过讨论填写任务完成评价表。

学习子情境5　电力电缆穿管敷设

学习情境描述

将若干条电缆穿管敷设,型号采用油浸纸0.6/1 kV的VLV普通阻燃型ZR-VLV型。要求操作规范,工艺流程流畅,符合标准。

学习目标

1. 了解电缆敷设的要求及穿管敷设及基本需求。

2. 掌握排管的结构、敷设方法及要求。

3. 能编制出最佳的(省工、省料、误差小)施工流程,能举一反三。

4. 掌握电缆穿管的种类及敷设规定。

5. 养成安全、规范的操作习惯和良好的沟通习惯。

学习引导

快速完成本任务流程:同"学习子情境4"。

1 相关知识

1.1 基础知识

1.1.1 电缆敷设的基本要求

(1)电缆敷设前应核对电缆的型号、规格是否与设计相符,并检查有无有效的试验合格证,如无有效合格证应做必要的试验,合格后方可使用。

(2)敷设前应对电缆进行外观检查,检查电缆有无损伤和两端的铅封状况。对油浸纸绝缘电缆,如怀疑受潮时,可施行检验潮气,其方法是电缆锯下一段,将绝缘纸一层层剥下,浸入 140 ℃~150 ℃的绝缘油中,如有潮气则泛起泡沫,受潮严重时油会发出响声和爆炸声。

(3)在电缆敷设和安装的过程中,以及在电缆线路的转弯处,为防止因弯曲过度而损伤电缆,规定了电缆允许最小弯曲半径。如多芯绝缘电缆的弯曲半径不应小于电缆外径的 15 倍,多芯橡塑铠装电缆的弯曲半径不应小于电缆外径的 8 倍等。进行人工放电缆时应遵循上面的允许弯曲半径,不能因施工将电缆损坏。

(4)当采用机械牵引方法敷设电缆时,应防止电缆因承受拉力过大而损伤,因此对电缆敷设时的最大允许牵引强度应按表 2.27 选取。

表 2.27 最大允许牵引强度

牵引方式	牵引头		钢丝网套	
受力部位	钢芯	铝芯	铅套	铝套
允许牵引强度(N)	70	40	10	40

当敷设条件较好,电缆的承受拉力较小时,可在电缆端部套一特制的钢丝套拖拽电缆。

(5)油浸纸绝缘电缆在低温时,电缆油的黏度较大,油漆不滴流电缆油的黏度更大,因而导致绝缘纸层间的润滑性能降低,使电缆变硬、变脆,弯曲时容易损伤;电缆外护层中的沥青防腐层和油麻,在低温下弯曲极易发生断裂和脱落,将严重影响电缆的防腐性能。因此,当环境温度较低,进行施工弯曲时,应将电缆预先加热后再进行弯曲。

1.1.2 电力电缆穿管敷设需求

随着城市路网的发达,电缆使用量逐渐提升。当通过城市街道和建筑物间的电缆根数较多时,应将电缆敷设于排管或隧道内;在电厂或一些工厂,除了架空明敷电缆或用桥架敷设的电缆外,还将一部分电缆敷设于保护管和排管内;有的地区为了室外地下电缆线路免受机械性损伤、化学作用及腐殖物质等危害,也采用穿管敷设。

(1)保护管的加工及敷设

1)电缆保护管的使用范围。电缆进入建筑物、隧道,穿过楼板或墙壁的地方及埋设在室内地下时需穿保护管;电缆从沟道引至电杆、设备,或者室内行人容易接近的地方、距地面高度2 m以下的一段的电缆需装设保护管;电缆敷设于道路下面或横穿道路时需穿管敷设;从桥架上引出的电缆,或者装设桥架有困难及电缆比较分散的地方,均采用在保护管内敷设电缆。

2)电缆保护管的选用。电缆保护管一般用金属管者较多,其中镀锌钢管抗腐蚀性能好,因而被普通用做电缆保护管。采用普通钢管做电缆保护管时,应在外表涂防腐漆或沥青(埋入混凝土内的管子可不涂)防腐层;采用镀锌管而锌层有剥落时,亦应在剥落处涂漆防腐。

金属电缆保护管不应有穿孔、裂纹、显著地凹凸不平及严重锈蚀等现象,管子内壁应光滑。由于硬质聚氯乙烯管不易锈蚀,容易弯制和焊接,施工和更换电缆比较方便,因此有些单位也采用塑料管作为保护管。但因其质地较脆,在温度过高或过低的场所,或是在易受机械损伤的地方及道路下面做好不要采用。当由于腐蚀的原因必须使用时,应适当埋得深些,其埋置深度应通过计算,使管子受力在允许范围内而不致受到损伤。塑料管的品种较多,应慎重选用。

3)保护管加工弯曲后不应有裂纹或显著地凹瘪现象,其弯曲程度不宜大于管子外径的10%,每根保护管的弯头不应超过 3 个,直角弯不应超过 22 个。弯曲半径一般取为管子外径的 10 倍,且不应小于所穿入电缆的最小弯曲半径。管口应无毛刺和尖锐棱角,并做成喇叭形或磨光。

4)保护管的内径不应小于电缆外径的 1.5 倍。电缆的最小弯曲半径见表 2.28。

表 2.28　电缆的最小弯曲半径

电缆型式		多芯	单芯
橡皮绝缘电力电缆	无铅包、钢铠护套	10D	
	裸铅包护套	15D	
	钢铠护套	20D	
塑料绝缘电力电缆	无铠装	15D	20D
	有铠装	12D	15D
油浸纸电力电缆	有铠装	15D	20D
	无铠装	20D	—
自容式充油(铅包)电缆		—	20D

5)埋设在混凝土内的保护管,在浇筑混凝土前应按实际安装位置量好尺寸,下料加工。管子敷设后应加以支撑和固定,以防止在浇筑混凝土时受振而移位。保护管敷设或弯制前应进行疏通和清扫,一般采用铁丝绑上棉纱或破布穿入管内清除脏污,检查通畅情况。在保证管内光滑畅通后,将管子两端暂时封堵。

6)金属保护管宜采用带螺纹的管接头连接,连接处可绕以麻丝并涂以铅油。另外也可采用短套管连接,两管连接时,管口应对准,短管两端应焊接。所使用的管接头或短套管的长度不应小于保护管外径的 2.2 倍,以保证保护管连接后的强度。连接后应密封良好。金属电缆保护管不得采用直接对焊连接,以免管内壁可能出现疤瘤而损伤电缆。

7)硬质塑料保护管的连接可采用套接或插接,其插入深度宜为管子内径的 1.1~1.8 倍。在插接面上应涂以胶合剂黏牢密封,采用套接时,套管两端应封焊。

8)明敷电缆保护管的要求:

① 明敷电缆保护管与土建结构平行时,通常采用支架固定在建筑结构上,保护管装设在支架上。支架应均匀布置,支架间距不宜大于表中的数值,以免保护管出现垂度。

② 如明敷的保护管为塑料管,其直线长度超过 30 m 时,宜每隔 30 m 加装一个伸缩节,以消除由于温度变化引起管子伸缩带来的应力影响。

③ 保护管与墙之间的净空距离不得小于 10 mm；与热表面距离不得小于 200 mm；交叉保护管净空距离不宜小于 10 mm；平行保护管间净空距离不宜小于 20 mm。

④ 明敷金属保护管的固定不得采用焊接方法。

9)利用金属保护管做接地线时，应在有螺纹的管接头处用跳线焊接，并先在保护管上焊好接地线再敷设电缆，以保证接地线可靠和不烧坏电缆。

10)引至设备的电缆管口位置，应便于电缆与设备进线连接，并且不妨碍设备拆装。并列敷设的管口应排列整齐。

(2)适用范围

在市区街道敷设多条电缆，在不宜建造电缆沟和电缆隧道的情况下，可采用排管。排管敷设具有以下优点：

1)减少了对电缆的外力破坏和机械损伤。

2)消除了土壤中有害物质对电缆的化学腐蚀。

3)检修或更换电缆迅速方便。

4)随时可以敷设新的电缆而不必挖开路面。

电缆进入建筑物及引至电杆上的保护管敷设分别如图 2.21 和图 2.22 所示。

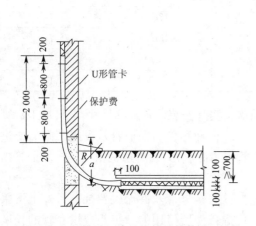

图 2.21 电缆进入建筑物保护管敷设(mm)

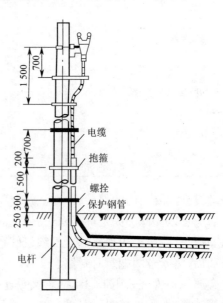

图 2.22 电缆引至电杆上保护管敷设(mm)

(3)技术要求

1)敷设在排管内的电缆应使用加厚的铅包或塑料护套电缆。排管应使用对电缆金属包皮没有化学作用的材料做成，排管内表面应光滑，管的内径不小于电缆外径的 1.5 倍，且不小于 100 mm。

2)为便于检查和敷设电缆，每隔一段距离应设置电缆入井，电缆入井的间距可按电缆的制造长度和地理位置面定，一般不宜大于 200 m。入井的尺寸大小需要考虑电缆中间接头的安装、维护和检修是否方便。排管通向入井应不小于 1/1 000 的倾斜度，以便管内的水流入井内。

1.1.3 排管的结构与敷设

(1)排管的结构是预先准备好的管子按需要的孔数排成一定的形式,用水泥浇成一个整体。管子可用铸铁管、陶土管、混凝土管、石棉水泥管,有些单位也采用硬质聚氯乙烯管制作短距离的排管。

(2)每节排管的长度约为2~4 m,按照目前和将来的发展需要,根据地下建筑物的情况,决定敷设排管的孔数和管子排列的形式。管子的排列有方形和长方形,方形结构比较经济,但中间孔散热较差,因此这几个孔大多留作敷设控制电缆之用。排管敷设牵引方法如图2.23所示。

(3)排管施工较为复杂,敷设和更换电缆不方便,且散热差影响电缆载流量。但因排管保护电缆效果好,使电缆不易受到外部机械损伤,不占用空间且运行可靠。当电缆线路回数较多时,平行敷设于道路的下面,或穿越公路、铁路和建筑物,实为一种较好的选择。

(4)敷设排管时地基应坚实、平整,不得有沦陷。不符合要求时,应对地基进行处理并夯实,以免地基下沉损坏电缆。

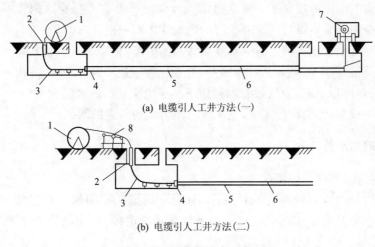

(a) 电缆引人工井方法(一)

(b) 电缆引人工井方法(二)

图2.23 排管敷设牵引方法
1—电缆盘;2—波纹聚乙烯(PE)管;3—电缆;
4—喇叭口;5—管道;6—钢丝绳;7—卷扬机;8—放线架

(5)电缆排管孔眼内径应不小于电缆外径的1.5倍,且最小不宜小于100 mm。管子内部必须光滑,管子连接时,管孔应对准,接缝应严密,不得有地下水和泥浆渗入。管子接头相互之间必须错开。

(6)电缆管的埋设深度,自管子顶部至地面的距离,一般地区应不小于0.7 m,在人行道下不应小于0.5 m,在厂房内不宜小于0.2 m。

(7)为了便于检查和敷设电缆,埋设的电缆管其直线段每隔30 m距离的地方及在转弯和分支的地方必须设置电缆入孔井。入孔井的深度不应小于1.8 m,入孔直径不小于0.7 m。电缆管应有倾向于入孔井0.1%的排水坡度,电缆接头可放在井坑里。

1.1.4 管道内电缆敷设的方法和要求

(1)交流单芯电缆不得穿钢管敷设,以免因电磁感应在钢管内产生损耗。

(2)敷设电缆前,应检查电缆管安装时的封堵是否良好,如发现有问题应进行疏通清扫,以保证管内无积水、无杂物堵塞。

(3)敷设在管道内的电缆,一般为塑料护套电缆。为了减少电缆和管壁间的摩擦阻力,便于牵引,电缆入管之前可在护套表面涂以润滑物(滑石粉)。敷设电缆时应特别注意,避免机械损伤外护层。

(4)在管道内敷设的方法一般采用人工敷设。短段电缆可直接将电缆穿入管内,稍长一些的管道或有直角弯时,可采用先穿入导引铁丝的方法牵引电缆。

(5)管路较长(在设有入孔井的管道内敷设直径较大的电缆)时,需用牵引机械牵引电缆。施工方法是将电缆盘放在入孔井口,然后借预先穿过管子的钢丝绳将电缆拖拉过管道到另一个入孔井。电缆牵引的一端可以用特质的钢丝网套套上,当用力牵引时,网套拉长并卡在电缆端部。牵引的力量平均约为被牵引电缆重量的50%~70%。管道口应套以光滑的喇叭管,井坑口应装有适当的滑轮。

1.1.5　电力电缆穿管敷设的规定

管内敷设基本同管内穿线,除符合管内穿线的固定外,还应符合下列规定:

(1)每根电力电缆应单独穿入一根管内,交流单芯电缆不能单独穿入钢管中。

(2)裸铠装控制电缆不得与其他外护层的电缆穿入同一根管内。

(3)敷设在混凝土管、陶瓷管、石棉水泥管管内的电缆,宜穿塑料护套电缆。

(4)管内敷设每隔50 m应设入孔检查井,井盖应为铁质且高于地面,井内有积水可排水。

(5)长度在30 m以下时,直线段管内径应不小于电缆外径的3倍。

(6)管内应无积水,无杂物堵塞,穿电缆可采用滑石粉作为助滑剂。

1.2　施工前的准备

1.2.1　原材料、半成品的要求

(1)型号规格及电压等级符合设计要求,并有合格证。矿用橡套软电缆、交流额定电压3 kV及以下电缆、额定电压450/750 V及以下橡皮绝缘电缆、额定电压450/750 V及以下聚氯乙烯绝缘电缆需"CCC"认证标志。

(2)每轴电缆上应标明电缆规格、型号、电压等级、长度及出厂日期,电缆轴应完好无损。

(3)电缆外观完好无损,铠装无锈蚀,无机械损伤,无明显皱褶和扭曲现象。橡套、塑料电缆外皮及绝缘层无老化及裂纹。

(4)电缆的其他附属材料:电缆盖板、电缆标示桩、电缆标示牌、油漆、酒精、汽油、硬酸脂、自布带、电缆头附件等均应符合要求。

(5)电缆出厂检验报告符合标准。

1.2.2　所需工机具

所需工机具见表2.29。

表2.29　所需工机具

序号	机具名称	单位	数量	用　处
1	电缆牵引端	个	1	牵引电缆时连接卷扬机和电缆首端的金具,用于牵引重量较小的电缆
2	牵引网套	个	1	牵引电缆时连接卷扬机和电缆首端的金具,用于牵引重量较小的电缆

序号	机具名称	单位	数量	用 处
3	防捻器	个	1	牵引电缆消除钢丝绳逐步形成电缆的扭应力
4	电缆滚轮	个	若干	敷设电缆时的电缆支架,用于减小摩擦和保护电缆,滚轮间距1.5～3 m
5	电动滚轮	个	现场定	敷设电缆时利用其摩擦力推动电缆的外护层,减小牵引力和侧压力
6	电缆盘千斤顶支架	个	2	敷设电缆时支撑电缆盘,以便电缆盘转动
7	电缆盘制动装置	个	1	用于制动电缆盘
8	管口保护喇叭	个	现场定	钢管内敷设电缆时,在管口处保护电缆
9	卷扬机	台	1	敷设电缆时用于牵引电缆
10	吊链	个	2	敷设电缆时用于提升电缆
11	滑轮、钢丝绳、大麻绳	个	现场定	敷设电缆时用于牵引电缆
12	绝缘摇表	个	1	遥测电缆绝缘
13	皮尺	个	5	测量电缆长度
14	钢锯	个	3	手工锯割电缆
15	手锤	个	3	现场用
16	扳手	个	5	现场用
17	电气焊工具	套	1	制作支架等切割金属等
18	电工工具	套	1	现场用
19	无线电对讲机	对	4	敷设电缆时的通信工具
20	手持扩音喇叭	个	2	组织敷设电缆用

1.2.3 作业条件

(1)电缆线路的安装工程应按施工图进行施工。

(2)与电缆线路安装有关的建筑物、构筑物的土建工程质量,应符合国家现行的建筑工程施工及验收规范中的有关规定。

(3)电缆导管已敷设完毕,并验收合格。

1.3 施工工艺

1.3.1 检查管道

(1)检查管道:金属导管严禁熔焊连接;防爆导管不应采用倒扣连接,应采用防爆活结头,其结合面应紧密、管口平整光滑,无毛刺。

(2)检查管道内是否有杂物,可在敷设电缆前,将杂物清理干净。

1.3.2 试牵引

经过检查后的管道,可用一段长约5 m的同样电缆做模拟牵引,然后观察电缆表面,检查磨损是否属于许可范围。

1.3.3 敷设电缆

(1)将电缆盘放在电缆入孔井的外边,先用安装有电缆牵引头并涂有电缆润滑油的钢丝绳与电缆一端连接,钢丝绳的另一端穿过电缆管道,拖拉电缆力量要均匀,检查电缆牵引过程中无卡阻现象,如张力过大,应查明原因,问题解决后,继续牵引电缆。

(2)电力电缆应单独穿入一根管孔内,同一管孔内可穿入3根控制电缆。

(3)三相或单相单芯电缆不得单独穿于钢导管内。

1.3.4 电缆入孔井

电缆在管道内敷设时,为了抽拉电缆或做电缆连接,电缆管分支、拐弯处,均需按设计要求或规范要求设置电缆入孔井,电缆入孔井的距离,应按设计要求设置,一般在直线部分每隔50~100 m 设置一个。

1.3.5 防火措施

敷设电缆管,在穿越防火分区处按设计要求的位置,有防火阻隔措施。

1.3.6 电缆挂标示牌

(1)标示牌规格应一致,并有防腐性能,挂装应牢固。

(2)标志牌上应注明电缆编号、规格、型号、电压等级及起始位置。

(3)沿电缆管道敷设的电缆在其两端、入孔井内应挂标示牌。

1.4 质量标准

1.4.1 主控项目

(1)电缆敷设严禁有拧绞、铠装压扁、护层断裂和表面严重划伤等缺陷。检查方法:观察检查。

(2)三相或单相的交流单芯电缆,不得单独穿于钢导管内。

(3)爆炸危险环境的电缆额定电压不得低于 750 V,且必须穿于钢导管内。

1.4.2 一般项目

(1)电缆最小弯曲半径应符合表 2.29 的规定。

(2)电缆敷设在穿越不同防火区的电缆管道处,按设计要求位置,有防火隔断措施,可观察检查。

(3)电缆穿管前,应清除管内杂物和积水。管口应有保护措施,不进入接线盒的垂直管口穿入电缆后,管口应密封。

(4)特殊工序或关键控制点的控制见表 2.30。

表 2.30 特殊工序或关键控制点的控制

序号	特殊工序/关键控制点	主要控制方法
1	电缆型号、规格	与图纸设计相符
2	电缆管密封检查	现场观察检查
3	电缆敷设	检查最小允许弯曲半径,严禁绞拧、护层断裂等缺陷
4	电缆绝缘试验	摇表摇测

2 引导问题

2.1 独立完成引导问题

2.1.1 填空题

(1)除了架空明敷电缆或用桥架敷设的电缆外,还将一部分电缆敷设于_____和排管内,有的地区为了室外地下电缆线路免受_____、化学作用及腐殖物质的危害,也采用穿管敷设。

(2)交流单芯电缆不得穿钢管敷设,以免因_____在钢管内产生损耗;敷设电缆前,应检查电缆管安装时的封堵是否良好,如发现有问题应进行_____,以保证管内无积水、无杂物堵塞。

(3)敷设管道内的电缆,一般为_____电缆。为了减少电缆和管壁间的摩擦阻力,便于牵引,电缆入管之前可在护套表面涂以_____。敷设电缆时应特别注意,避免机械损伤_____。

(4)在管道内敷设的方法一般采用_____。短段电缆可直接将电缆穿入管内,稍长一些的管道或有直角弯时,可采用先穿入_____的方法牵引电缆。

(5)管路较长(设有入孔井的管道内敷设直径较大的电缆)时,需用_____牵引电缆。施工方法是将电缆盘放在入孔井口,然后借预先穿过管子的_____将电缆拖拉过管道到另一个入孔井。电缆牵引的一端可用特质的钢丝网套套上,当用力牵引时,网套拉长并卡在电缆_____。牵引的力量平均约为牵引电缆重量的 $50\%\sim70\%$。管道口应套以光滑的喇叭管,井坑口应装有适当的_____。

2.1.2 选择题

(1)电缆保护管的内径不应小于电缆的外径的(　　)。

(A) 3 倍　　　　　　(B) 2 倍　　　　　　(C) 1.5 倍　　　　　　(D) 2.5 倍

(2)电缆敷设图纸中不包括(　　)。

(A) 电缆芯数　　　(B) 电缆截面　　　(C) 电缆长度　　　(D) 电缆走径

2.1.3 问答题

(1)明敷电缆保护管的要求是什么?

(2)排管的结构是如何形成的,每节长度和孔距是如何定义的?

(3)电缆保护管的作用是什么? 如何进行选择? 优缺点是什么?

2.2 小组合作寻找最佳答案

采用扩展小组法,对照答案完成书末附表 1。

2.3 与教师探讨

重点对书末附表 1 中打"✓"的问题,特别是 4 对 4 讨论结果中打"×"的问题进行探讨。

3 计划决策

独立填写领料单、人员分工表,编写立杆方案;小组合作讨论共同填写小组领料单,小组人员分工表,确定整体组立直线中间杆之施工方案。

4 任务实施

4.1 施工前准备

(1)工作负责人召集全组人员进行"二交三查"。
(2)以工作组为单位领取工机具和材料。

4.2 施工操作

(1)检查管道。特别提示:金属导管严禁熔焊连接;防爆导管不应采用倒扣连接,应采用防爆活结头,其结合应紧密。管口平整光滑,无毛刺。
(2)试牵引。
(3)敷设电缆。
特别提示:
1)电力电缆应单独穿入一根管孔内,同一管孔内可穿入 3 根控制电缆。
2)三相或单相单芯电缆不得穿于钢导管内。
(4)电缆入孔井。
(5)防火措施。特别提示:敷设电缆管,在穿越防火分区处应按设计要求位置,有防火阻隔措施。
(6)电缆挂标志牌。
特别提示:
1)标示牌规格应一致,并有防腐性能,挂装应牢固。
2)标志牌上应注明电缆编号、规格、型号、电压等级及起始位置。
(7)清理现场,结束作业。特别注意:文明施工,做好环保。

5 检查

(1)根据实际情况填写任务完成情况表。
(2)对施工过程中出现的问题进行分析,并填写施工问题分析表。

6 总结评价

每人对施工过程进行总结,小组合作完成汇报文稿。请各组根据任务完成过程,通过讨论填写任务完成评价表。

学习情境 3 高压架空配电线路施工

学习子情境 1 金属杆现浇混凝土基础施工

学习情境描述

在配电线路演练场进行一直线终端钢管杆现浇式混凝土基础施工。

学习目标

1. 了解混凝土基础的配合比。
2. 能搜集到有关混凝土基础施工方面的资料。
3. 能编制出最佳的施工工序,能举一反三。
4. 掌握混凝土基础施工的操作要点。
5. 能按规程要求完成混凝土基础施工,并达到规范要求的质量标准。
6. 养成规范操作、良好沟通的习惯,能与团队共同解决实际问题。

学习引导

快速完成任务流程:

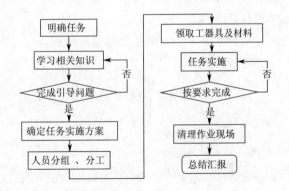

1 相关知识

1.1 基础知识

1.1.1 混凝土基础的类型

混凝土基础一般有现场浇筑式和预制装配式。现场浇筑混凝土基础是电力线路金属杆基础的主要类型之一,这类基础的施工在基础施工中占有重要的地位。

现场浇筑的混凝土基础,有纯混凝土基础和钢筋混凝土基础两种。每基杆塔基坑的数量及相互位置,取决于杆塔类型。一般主基础坑的数量有 1～4 个不等。施工的主要程序为:基础定位、基坑开挖、模板安装、钢筋骨架加工和安放、搅拌及浇筑混凝土、混凝土养护、拆除模板、回填土等。

1.1.2 混凝土基础定位

（1）钢管杆基础坑定位划线

钢管杆基础类型有：钢套筒式基础，适用于钻孔难以成型的软质地基；直埋式基础，适用于钻孔或开挖容易成型的地基；钻孔灌注桩基础，适用地质条件较差的地基；预制桩基础，预制桩一般有钢桩及混凝土桩，适用于钻孔、掏挖均难以成型且承载力很低的地基情况；台阶式基础，主要用于开挖比较容易的地区；岩锚基础适用于岩石地基。其中台阶式基础属于开挖式现场浇筑混凝土基础。

钢管杆基础坑定位划线，在杆位中心安装经纬仪，前视或后视钉二辅助桩 A、B，相距 $2\sim5$ m，供底盘找正用或正杆用，按分坑尺寸在中心桩前、后、左、右各量好尺寸，画出坑口线，并在四周钉桩 1、2、3、4。钢管杆台阶或基础坑定位划线如图 3.1 所示。

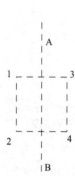

图3.1 钢管杆台阶式基础坑定位划线

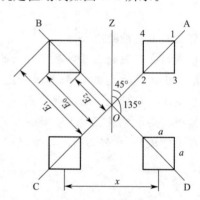

图3.2 方形铁塔基础分坑定位

（2）方形铁塔基础定位划线

x 为基础根开，a 为基础坑口边长，E_2 为中心距基础近角点长度。在图 3.2 中先求出 E_0、E_1、E_2 数值：

$$E_0=\frac{1/2}{\sin45°}x=\frac{\sqrt{2}}{2}x$$

$$E_1=\frac{1/2}{\sin45°}(x+a)=\frac{\sqrt{2}}{2}(x+a)$$

$$E_1=\frac{1/2}{\sin45°}(x-a)=\frac{\sqrt{2}}{2}(x-a)$$

经纬仪放在基础的中心 O 点，前视线路中心桩转 45°，在此方向上测出 A 点，倒镜定出 C 点，再旋转 90°定出 D 点，倒镜定出 B 点。并在 A、B、C、D 4 点打桩，作为基坑开挖、模板安装和混凝土浇筑检查用的测量控制桩。

在 OD 方向线上从 O 点起量出水平距离 E_1、E_2，得基础顶角 1 和 2 两点；取基础边长的 2 倍即 $2a$ 长的测量绳，使其两端分别与 1、2 两点重合，从其中点将绳分别向两侧拉紧，即可得到 3、4 两点。同理可得画出另外 3 个坑口线。

（3）矩形铁塔基础定位划线

设 x 为横向线路基础根开，y 为纵向线路基础根开，a 为基础坑口边长，以 D、O 点至近坑角为 E_2，中心点为 E_0，远角点为 E_1 距基。根据图 3.3 计算出：

$$E_0 = \frac{1/2}{\sin 45°} y = \frac{\sqrt{2}}{2} y$$

$$E_1 = \frac{1/2}{\sin 45°}(y+a) = \frac{\sqrt{2}}{2}(y+a)$$

$$E_1 = \frac{1/2}{\sin 45°}(y-a) = \frac{\sqrt{2}}{2}(y-a)$$

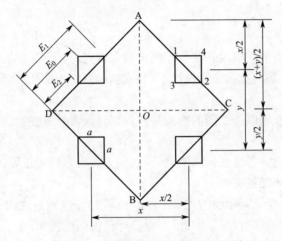

图 3.3　矩形铁塔基础分坑定位

分坑时将经纬仪放在塔位中心桩 O 点上,前后视线路中心桩,沿此方向水平距离 $(x+y)/2$ 分别得 A、B 两点,旋转 90°前后视以同样的距离得 C、D 两点,即得 A、B、C、D 4 个测量控制桩。再从 D 点起在 DA 方向上量出水平距离 E_1、E_2,分别得出基础顶角 1 和 2 两点。取基础边长的 2 倍即 $2a$ 长的测量绳,使其两端分别与 1、2 两点重合,从其中点将绳分别向两侧拉紧,即可得到 3、4 两点。同理可得画出另外 3 个坑口线。

1.1.3　混凝土基坑开挖

(1)开挖方法

基坑开挖的方法随着杆塔所处地区的土壤地质情况而异,主要有人工开挖和机械开挖。对于小型基础一般采用人工开挖,大型基础一般采用机械开挖。对一般土壤,可按一定坡度直接开挖。对于泥水坑或流砂坑要采取防水和防塌方的措施。

(2)普通混凝土基础坑和接地沟开挖

1)杆塔基础的坑深应以设计施工基面为基准。当设计施工基面为零时,杆塔基础坑深应以设计中心桩处自然地面标高为基准。

2)基坑开挖时,如发现地基土质与设计不符时,应及时通知设计及有关单位处理。

3)人工开挖时,坑壁宜留有适当坡度,坡度的大小应视土质特性、地下水位和挖掘深度等确定。各类土质的坡度见表 3.1。

表 3.1　各类土质的坡度

土质类别	砂土、砾土、淤泥	砂质黏土	黏土、黄土	硬黏土
坡度	1∶0.75	1∶0.5	1∶0.3	1∶0.15

4）坑口边 0.8 m 范围内，不得堆放余土、材料、工器具等。易积水或冲刷的杆塔基础，应在基坑的外围修筑排水沟。

5）混凝土基础坑深允许偏差为＋100～－50 mm，坑底应平整。同基基础在允许偏差范围内按最深基坑操平。

6）杆塔基础坑深与设计坑深偏差大于＋100 mm 时，其超深部分应铺石灌浆。

7）接地沟开挖的长度和深度应符合设计要求并不得有负偏差，沟中影响接地体与土壤接触的杂物应清除。

（3）注意事项

1）基坑开挖时，杆塔中心桩及各测量控制桩应保持完好，不得碰动、挖掉或掩埋。

2）挖坑时如发现地基上土质与原设计不同，或坑底发现天然孔洞、管道等应及时通知设计及有关单位研究处理。

3）杆塔基坑的深度，应以施工图的施工基面为起算面，拉线坑的坑深则以拉线坑中心地面标高为起算面。

4）基础坑挖完后，应进行坑底标高的测量，以检查坑底是否满足设计要求。

1.1.4 混凝土基础模板安装

安装模板是浇筑混凝土基础前的主要工序。模板的安装质量决定了基础位置和质量，模板安装不好，可能会导致基础报废。因此，一定要严格按标准执行。

先测定底座模板位置，再测定立柱模板位置，最后在浇灌好底模板部分混凝土或钢筋混凝土后，操平地脚螺栓即可。

注意：模板要用具有一定强度且较经济的材料制作，结构简单，强度均匀，尺寸准确，便于安装、拆卸和搬运，而且能够套用。支撑要稳固，不能松动、弯曲、变形或沉降。

（1）方形塔基础

1）测定底座模板位置

在基坑坑底操平后，将经纬仪置于杆塔中心桩 O 点处，在基础对角线方向分别钉 4 个辅助桩 A、B、C、D，桩顶高出地脚螺栓约 50 mm 左右。将底座模板放入基础坑内，对成正方形。底座模板中心在基础对角线上，4 个底座模板中心确定后，在辅助桩 A、B、C、D 顶上的基础对角线位置上钉一小铁钉，用线绳拉成十字叉。再用钢尺沿线绳从中心桩 O 点量出根开对角线长度的一半 E_0 处，也就是基础桩中心处，做好标记，并在此处悬挂线坠。移动并调整底模中心使之与线坠中心重合，底模的内外现两直角顶点与基础对角线重合，也就是与辅助桩对角绳连接线重合。最后将底座模板四角操平即可。

2）测量立桩模板位置

立桩模板下口中心位置与底座模板中心位置重合，位置确定后用撑木固定，然后再调整立柱模板上口位置。调整方法与底座模板基本相同，只是上口不用木板固定，而是调整撑木迫使上口中心与线坠中心重合，上口内角顶点与基础对角线重合。

模板支完后，要检查立柱模板的垂直度，4 个基础底座模板中心的相互距离、对角线距离及基础顶面高差等是否与规定的数据相符。

3）操平找正地脚螺栓

地脚螺栓是连接铁塔和基础的关键构件，地脚螺栓的相互距离及高差必须符合要求，因此必须操平找正。最常用的方法是样板法。

利用两条木板按地脚螺栓规格及相互距离做一样板,在样板上画出中心线,中心线的交点对应基础中心。将地脚螺栓套入样板孔内,并将样板放在模板上,利用辅助桩对角线连接绳及根开对角线长度的半数来控制样板的位置,或将经纬仪置于杆塔中心桩上,前后视线路中心桩后,旋转 45°、135°,测出基础对角线的方向,使 4 个样板的中心线都在各自的半对角线上,然后再用钢尺量出各个基础地脚螺栓及 4 个基础的地脚螺栓相互间的距离,使各项尺寸均符合设计图纸要求。最后,将样板固定在立柱模板上。

样板固定后要测量 4 个基础的地脚螺栓的高差,使之在同一水平面上,同时检查地脚螺栓是否垂直,然后按基础立柱标高,测量出立柱基础面位置并做好标记。

(2)矩形塔基础

因矩形塔的 4 个基础的两个对角线相互不垂直,因此,不能用对角线法,而是采用半根开法。

1)模板找正

经纬仪置于杆塔中心 O 点,调好前后视线路中心桩后,旋转 90°,在此方向上分别前视、后视,用钢尺量出横向半根开的距离 $x/2$,分别钉两个辅助桩 O_1 和 O_2,并在该二桩上钉上小钉,以使位置更精准。之后,将经纬仪移至 O_1 桩,对准 O_2 桩,再旋转 90°,在此方向上分别前视、后视,用钢尺量出纵向半根开的距离 $y/2$,得二辅助桩 A 和 B,并在该二桩上钉上小钉;同理,量出另外二辅助桩 C 和 D,并在桩上钉上小钉。在须线路方向的两个辅助桩间各拉上线绳,从 O_1 和 O_2 点按侧面半根开尺寸在两绳上做出个标印,用线坠如方形塔的方法一样找出基础主柱中心,将模板支好。

2)操平找正地脚螺栓

将地脚螺栓套入样板孔内,并将样板放在立柱模板上,将经纬仪置于杆塔中心桩上,用经纬仪、钢尺量出各个基础地脚螺栓及 4 个基础的地脚螺栓相互间的距离,使各项尺寸均符合设计图纸要求。最后,将样板固定在模板上。

1.1.5　混凝土基础浇筑

(1)混凝土配合比设计依据

混凝土配合比设计是根据工程要求、结构形式和施工条件来确定各组成材料量之间的比例关系。规定的混凝土强度等级用所供水泥、骨料情况,按《混凝土结构工程施工质量验收规范》、《普通混凝土配合比设计规程》进行设计。

(2)混凝土配合比设计原则与试验的确定

1)配制强度。计算公式为

$$p_0 = p_k + 1.645\sigma$$

式中　p_0——混凝土施工配制强度,N/mm²。

p_k——设计的混凝土强度标准值,N/mm²。

σ——混凝土强度标准差,N/mm²。

2)标准差 σ 值。由于电力线路分散作业,标准差 σ 取值表见表 3.2。

表 3.2　标准差 σ 取值表

混凝土强度等级	低于 C20	C20～C35	高于 C35
σ(N/mm²)	4.0	5.0	6.0

3)普通混凝土最大水灰比和最小水泥用量应符合表 3.3 的规定。

表 3.3 普通混凝土最大水灰比和最小水泥用量

普通混凝土所处的环境条件	最大水灰比	最小水泥用量（kg/m³）	
		配筋	无筋
不受雨雪影响的混凝土	不限制	250	200
①受雨雪影响的露天混凝土；②位于水中或在水位升降范围内的混凝土；③在潮湿环境中的混凝土	0.7	250	225
①寒冷地区水位升降的混凝土；②受水压作用的混凝土	0.65	275	250
严寒地区水位升降范围的混凝土	0.6	300	275

注：1. 水灰比是指水与水泥（包括外掺混合材料）的用量比值。

2. 最小水泥用量包括掺入的混合材料，当采用人工捣实时，水泥用量应增加 25 kg/m³，当掺用外加剂且能有效地改善混凝土和易性时，水泥用量减少 25 kg/m³。

3. 混凝土强度等级低于 C10，不受本表限制。

4. 寒冷地区指最冷月平均气温为－15～－5 ℃，严寒地区指最冷月平均气温为－15 ℃。

（3）混凝土浇筑

混凝土的浇筑工作主要包括：搅拌混凝土、向基础坑浇筑混凝土和捣固混凝土。这 3 项工作是相互连接不可间断的。

1）准备工作

①对模板、钢筋及地脚螺栓安装进行复查。

②堵塞模板缝隙、涂刷脱模剂。

③对地脚螺栓丝扣部分采取保护措施。

④按施工要求搭设作业台架。

⑤混凝土灌注高度超过 3 m 时，台架上应安装灌注漏斗与溜筒。

2）质量控制

混凝土浇筑为全过程控制，必须由专人进行监视和检查。

①监视内容为：混凝土搅拌后的颜色及水泥砂浆包裹石子的程度是否满足要求；捣固过程是否严格按要求进行。

②检验内容主要为：一是称取砂、石、水、水泥的实际值，每班日检查不少于 3 次，允许偏差水泥、水、外加剂为±2％，砂、石为±3％；二是坍落度检验，每个班日不少于 2 次，其数值不得大于设计的规定值。混凝土浇筑时的坍落度见表 3.4。并严格控制水灰比。

表 3.4 混凝土浇筑时的坍落度

结构种类	坍落度（mm）
基础或地面的垫层，无配筋大体积结构（挡土墙、基础等）或配筋稀疏的结构	10～30
板、梁和大型及中型截面的柱子等	30～50
配筋密的结构（薄壁、斗仓、筒仓、细柱等）	50～70
配筋特密的结构	70～90

注：1. 本表为采用机械捣固混凝土的坍落度。

2. 当需要配制大坍落度混凝土时，应掺用外加剂。

③试块制作。制作前认真检查试块模尺寸,每组 3 个试块在同盘混凝土中取料,制作后标明杆塔号及日期。

3)机械搅拌

机械搅拌混凝土最短时间见表 3.5。

表 3.5　混凝土搅拌最短时间

坍落度(mm)	机　型	搅拌机出料量(m³)		
		<250	250~500	>500
≤30	强制式	60	90	120
	自落式	90	120	150
>30	强制式	60	60	90
	自落式	90	90	120

注:掺有外加剂时,搅拌时间应适当延长。

4)人工搅拌

人工搅拌混凝土应遵从"三干四湿"的搅拌原则。

①将砂倒入拌盘,再倒入水泥,干拌 3 次,达到颜色均匀。

②倒入石料,加入规定量 80% 的水进行拌和,边拌和边用洒水壶加入余下的水,拌和 4 次以上,达到颜色混合一致。

5)混凝土浇筑要求

①坑底为干燥的非黏性土时,应洒水湿润,未风化的岩石,应用水清洗。

②混凝土自高处倾落,自由高度不应大于 2 m。

③每次混凝土的浇筑层厚度应符合表 3.6 的规定。

表 3.6　混凝土的浇筑层厚度

捣实方法		浇筑层厚度(mm)
插入式振捣		振捣器作用部分长度的 1.25 倍
表面振动		200
人工捣固	基础底板及无筋混凝土结构	250
	基础柱、架结构	200
	配筋密集的结构	150

④混凝土浇筑必须连续进行。如不能连续进行时,间歇时间应尽量缩短。混凝土浇筑允许最长的间歇时间见表 3.7。

⑤混凝土搅拌位置距灌注地较远,需进行长距离运输,或采购商品混凝土时,从搅拌机中倒出到浇筑完毕的延续时间见表 3.8。

表 3.7　混凝土浇筑允许最长的间歇时间

间歇时间(min) / 环境气温(℃) / 混凝土强度等级	<25	≥25
≤C30	210	180
>C30	180	150

注:加入外加剂的浇筑允许间歇时间应按试验结果确定。

表 3.8　混凝土从搅拌机中倒出到浇筑完毕的延续时间

延续时间(min) / 环境气温(℃) / 混凝土强度等级	<25	≥25
≤C30	120	90
>C30	90	60

⑥断面较大的基础,经工程技术负责人同意,允许放入大块毛石,但需注意:毛石必须洗净,表面潮湿;毛石宜分层放入,层间厚度应有 1 000 mm 以上的混凝土层;毛石与模板距离不小于 150 mm,毛石之间距离不小于 100 mm;在立柱及钢筋密集的结构处不得掺入毛石;毛石掺入量不宜超过容许掺毛石的部分结构总体的 25%。

6)混凝土捣固要求

①混凝土捣固应有专人负责。

②采用插入式振捣器捣固时,在模板阴角、紧靠模板面的钢筋密集处,应辅以人工插件捣固。

③采用插入式振捣器应注意:应插入不小于 50% 下层混凝土深度;操作时应"快插慢拔",按一定的顺序进行,移动间距不宜大于振捣器作用半径的 1.5 倍;振捣器与模板之间的距离不应大于作用半径的 0.5 倍,但不得靠紧模板;操作时应避免碰撞钢筋模板,不得用插入式振捣器对堆积的混凝土就地振动摊平。

④每一振捣点作用的时间不宜太长,如混凝土表面呈现浮浆和没有沉落现象时,即移至下一相邻振捣点。

⑤立柱可采用开窗捣固,要求振捣器橡胶软管的弯曲半径不小于 50 cm,且弯曲段不得多于 2 处。

7)浇筑监视

混凝土浇筑过程中,应设专人监视模板、钢筋及地脚螺栓,如发现有变形、移位,应及时停止浇筑,进行加固和校正。

8)施工缝设置

①大型基础如不能做到连续作业而要留施工缝时,应事先向设计单位提出,以确定施工缝位置。

②在施工缝处继续绕注混凝土时,在已硬化的混凝土表面上进行清除处理,并用水冲洗干净;在结合处铺一层厚 1.0~1.5 cm 与混凝土成分相同的水泥少浆;结合处后浇筑的混凝土应捣实,使新旧混凝土紧密结合。

9)抹平收浆和抹成斜面

每个基础的混凝土浇筑完毕,在初凝前应对露出部分进行抹平收浆,立柱顶部达到与浇筑标志一致,对于转角塔,按杆塔预偏要求做成斜面。

10)冬季低温施工要求

室外日平均气温连续 5 天持续低于 5 ℃时,混凝土施工应按冬季施工的有关规定执行。

(4)混凝土基础养护

混凝土的基础养护一般采用自然养护。

1)浇筑后应在 12 h 内浇水养护,天气炎热、干燥有风时,应在 3 h 内进行浇水养护。混凝土外露部分加遮盖物,则在养护时应始终保持混凝土表面湿润。

2)对采用硅酸盐水泥、普通硅酸盐水泥或矿渣硅酸盐水泥制成的混凝土,不得小于 7 昼夜。对掺有外加剂的混凝土,按生产厂提供的技术要求办。

3)基础拆模经表面检查合格并经隐蔽工程验收以后应立即回填土。回填土覆盖在混凝土表面可不再浇水养护。

4)养护用水应与搅拌用水相同。

5）日平均气温低于 5 ℃时，停止浇水养护。

6）模板及支架拆除要求。在混凝土强度能保证表面及转角不因拆除模板而受到损伤，且强度不低于 2.5 MPa 时，方可拆除。

（5）混凝土基础拆模

1）混凝土达到规定强度要求后方可拆模。

2）拆模时应保证其表面及棱角不损坏，避免碰撞地脚螺栓，防止松动。

3）拆模后应清除地脚螺栓上的混凝土残渣，地脚螺栓丝扣部分涂裹黄油。回收后的地脚螺帽应妥善保管并做好标识。

（6）质检与回填

1）基础尺寸偏差。整基基础施工尺寸允许偏差见表 3.9。

表 3.9　整基基础施工尺寸允许偏差

项目		地脚螺栓式		主角钢插入式		高塔基础
		直线	转角	直线	转角	
整基基础中心与中心桩间位移(mm)	横线方向	30	30	30	30	30
	顺线方向	—	30	—	30	—
基础根开与对角线尺寸误差(‰)		±2		±1		±0.7
基础顶面或主角钢操平印记间相对高差(mm)		5		5		5
整基基础扭转(′)		10		10		5
项目						指数
混凝土保护层偏差(mm)						−5
主柱及底座断面尺寸偏差(mm)						−1%
同组地脚螺栓中心对主柱中心偏移(mm)						10
浇筑拉线基础拉环中心与设计位置偏移(mm)						20
浇筑拉线基础位置偏差						1%L

注：L 为拉环中心到拉线固定点的水平距离。

2）基础混凝土细度应以试块为依据，试块制作应符合下列规定：

①试块尺寸为 150 mm×150 mm×150 mm，每组 3 个。

②转角、耐张、终端及悬垂转角塔的基础，每基一组。

③一般直线塔基础在同一施工段且混凝土标号、配合比相同情况下，应以每 5 基为一组。

3）基础拆模时应先进行自检，然后按施工记录要求项目进行检查，并填写施工记录。

4）对基础表面的缺陷应会同有关单位进行检查判断，对于不影响质量的，可采取修复措施，对质量有影响的，应研究处理方法，经总工程师批准后实施。

5）回填要求。拆模自查合格后，应及时申请隐蔽工程验收检查，检查后进行回填，其回填要求如下：

①清除坑内积水、杂物等。

②对称，分层回填，分层夯实，每层厚约 300 mm 厚度夯实一次。

③为补偿沉降，加防沉层 300～500 mm。基础顶面低于防沉层时，应设置临时排水沟，以

防止基础顶面积水。经沉降后应及时补填夯实,工程移交时坑口回填土不应低于地面。

④回填土不够时,不得在沟边取土。

⑤对易冲刷的接地沟表面应采取水泥砂浆护面或砌石灌浆等保护措施。

⑥石坑回填应以石子与土按3∶1掺和后回填夯实。

⑦施工完毕应及时做好场地平整、余土处理工作,做到"工完、料尽、场地清"。

1.2 施工前的准备

1.2.1 人员分工

人员分工见表3.10。

表 3.10 人员分工

序号	项 目	人数	备 注
1	工作负责人	1	—
2	基础定位、划线、挖坑、混凝土浇筑与养护	4	—

1.2.2 所需工机具

所需工机具见表3.10。

表 3.11 所需工机具

序号	名 称	规格	单位	数量	备 注
1	测杆	—	根	3	—
2	经纬仪	—	套	1	—
3	圈尺	—	把	1	—
4	镐	—	把	1	—
5	铁锹	长把	把	3	—
6	铁锹	短把	把	1	—
7	水平尺	—	把	1	坑底操平
8	线绳	10 m	根	1	—
9	模板	—	套	1	—
10	插入式振捣器	—	套	1	—

1.2.3 所需材料

所需材料见表3.12。

表 3.12 所需材料表

序号	名 称	规格	单位	数量	备 注
1	木桩	—	根	4	—
2	小铁钉	—	个	1	—
3	地脚螺栓	—	根	4	—
4	砂	—	—	—	根据坑的大小核算
5	石	—	—	—	根据坑的大小核算
6	水泥	—	—	—	根据坑的大小核算

2 引导问题

2.1 独立完成引导问题

2.1.1 基础问题

(1)现浇混凝土基础类型有_____和_____两种。施工的主要程序为：基础定位、_____开挖、安装_____、钢筋骨架加工和安放、浇筑_____保养、混凝土_____拆除模板、回填土等。

(2)基础根开是指_____中心之间的距离。杆塔型式不同，基础根开的表示方法及意义也不同。

(3)采用地脚螺栓的杆塔基础模板安装程序一般为：在根据基础坑口线挖好坑之后，先测定_____模板位置，再测定_____模板位置，最后在浇灌好_____模板部分混凝土或钢盘混凝土后，操平地脚螺栓即可。

(4)杆塔基坑的深度，应以施工图的_____面为起算面，拉线坑的坑深则以拉线坑中心地面标高为起算面。

(5)混凝土的浇筑工作主要包括：混凝土_____、向基础坑浇筑混凝土和_____混凝土，这3项工作是相互连接不可间断的。

(6)人工搅拌混凝土应遵从_____的搅拌原则。

(7)混凝土自高处倾落，自由高度不应大于_____ m。

(8)混凝土捣固应有_____人负责

(9)混凝土养护时应始终保持混凝土表面_____。

(10)转角、耐张、终端及悬垂转角塔的基础，每基础应制作_____组混凝土试块。

(11)基础拆模时应先进行_____检，然后按_____要求项目进行检查，并填写施工_____。

(12)施工完毕应及时做好场地平整、余土处理工作，做到"工完、料_____"场地_____。

2.1.2 关键问题

(1)请画图说明四方塔基础的定位划线方法？

(2)应如何操平找正地脚螺栓？

(3)请简述人工搅拌混凝土的具体操作方法。

(4)请简述现场浇制混凝土基础的施工要点。

2.2 小组合作寻找最佳答案

采用扩展小组法,对照答案完成书末附表1。

2.3 与教师探讨

重点对书末附表1中打"✓"的问题,特别是4对4讨论结果中打"×"的问题进行探讨。

3 计划决策

独立填写领料单、人员分工表,编写施工方案;小组合作讨论共同填写小组领料单,小组人员分工表,确定最佳施工方案。

4 任务实施

4.1 现浇混凝土基础施工前准备

(1)工作负责人召集全组人员进行"二交二查"。
(2)以工作组为单位领取工器具和材料。

4.2 施工操作

现浇混凝土基础施工流程为:

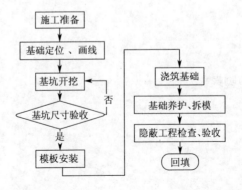

(1)基础定位、划线。特别注意:测量要认真,组员每人负责复测 1 次,钉测量控制桩(辅助桩)要仔细,需画草图做好记录。

(2)基坑开挖。特别注意:现场作业制度和施工规范,确保基础坑各尺寸的正确,同时牢记安全注意事项。

(3)基坑尺寸验收。特别注意:一定要按要求认真测量验收,绝不能差不多就行。

(4)安装模板。特别注意:规范操作,认真仔细,地脚螺栓位置一定要准确,否则有可能出现铁塔安装不上,必须返工的后果,将造成人工、机械和材料的重大浪费,酿成施工事故。

(5)混凝土浇筑。特别注意:按程序规范操作,认真搅拌、捣固,搅拌、浇筑、捣固相互连接,不可间断,不能忘记制作混凝土试块。

(6)混凝土养护与拆模。严格按气象条件进行混凝土养护,拆模前先做检查,符合要求后方能拆模,拆模后要自检并及时申请隐蔽工程验收检查,合格后回填并及时填写施工记录。

(7)基础回填。特别注意:按要求对称、分层回填,分层夯实并做好防沉层。

5　检查

(1)根据实际情况填写任务完成情况检查记录表。

(2)对施工过程中出现的问题进行分析,并填写施工问题分析表。

6　总结评价

每人对施工过程进行总结,小组合作完成汇报文稿。请各组根据任务完成过程,通过讨论填写任务完成评价表。

学习子情境 2　钢管杆组立

学习情境描述

在配电线路演练场已完成的混凝土基础上立钢管杆。

学习目标

1. 了解电力钢管杆的类型和吊车立杆的组织方法。

2. 会搜集金属杆组立方面的资料。

3. 能编制出最佳的施工工序,能做到举一反三。

4. 会编制吊车立杆施工作业指导书。

5. 能与团队成员一起按要求完成杆塔组立。

6. 养成安全、规范的操作习惯,有较强的沟通合作能力。

学习引导

快速完成本任务流程:同"学习子情境 1"。

1 相关知识

1.1 基础知识

1.1.1 终端杆塔的作用和特点

终端杆塔用于整个线路的起止点或电缆线路与架空线路的分界处,是耐张杆塔的一种形式,但受力情况较严重,需承受单侧架线时的全部导地线的拉力。耐张杆塔采用耐张绝缘子串,并用耐张线夹固定导线。通常在线路施工设计时按耐张段进行,故又称紧线杆。

1.1.2 金属杆塔

常用的金属杆塔有钢管杆、铁塔、四管塔、钢管塔等,其特点是机械强度大,寿命长,拆装方便,其缺点是用钢材量大,价格高,易腐蚀。

(1)钢管杆

钢管杆由钢板经压力机冷压成型,每段长为 2～12 m,钢板厚为 4～40 mm,材质为 Q235钢、16 Mn 或 16 Mn 桥钢。钢管杆的截面有圆形和多边形两种,钢管杆的边形数和锥度可根据设计需要确定。制作时先将钢板压成两个半环,然后由两条纵向焊缝焊成。

钢管杆的特点是:结构简单,构件小,具有较低的风载体形系数,作用在钢管杆杆身上的风荷载比铁塔小得多,并且钢管杆具有良好的柔性,有利于确保其在强风作用下的安全性。

随着土地日显紧张,为提高土地效益,城市规划部门一般提供狭窄的高压线路走廊或利用绿化带作为高压架空线路的通道,普通自立式铁塔因为根开宽,需要比较大的走廊,占地位置多,不适合在受限制的走廊内架设。如在同一路径上铺设电缆线路,则投资非常大,工程建设单位往往难于接受。而钢管杆因其杆径小,需要的走廊比较小,而且可以在 4～6 m 的绿化带内方便地架设;同时由于钢管杆结构匀称,线条明快,如配上机翼型的横担,则动感十足,令人耳目一新,再涂上城市的主色调不但不会影响景观,反而对周围的景观起到美化、协调的作用。因此现阶段钢管杆一般应用于城郊结合区域,有走廊限制的地带。

钢管杆采用分件加工运输,现场组装,加工安装方便。

(2)铁塔

铁塔是用角钢焊接或螺栓连接的钢架,其优点是机械强度大,使用年限长,运输和施工方便;缺点是钢材消耗量大,造价高,施工工艺复杂,维护工作量大。铁塔多用于交通不便或地形复杂的山区,或一般地区的特大荷载的终端、耐张、大转角、大跨越等情况。

铁塔可分为塔头、塔身和塔腿 3 部分。对于上字形或鼓形塔,下导线横担以上称为塔头部分;酒杯形塔或猫头塔形塔颈部以上称为塔头部分。一般将与基础连接的那段桁架称为塔腿。塔头与塔腿之间的桁架称为塔身。

铁塔的塔身为柱形立体桁架,桁架的断面多呈正方形或矩形。桁架的每一侧面均为平面桁架,立体桁架的四根主要杆件称为主材。在主材的每一个平面上有斜材连接。为保证铁塔主柱形状不变及个别杆件的稳定性,需在主柱的某些断面中设置横隔材。由于构造上的要求或减少构件的长细比而设置辅助材。

斜材与主材的连接处或斜材与斜材的连接处称为节点,杆件纵向中心线的交点称为节点中心。相邻两节点间的主材部分称为节间。两节点中心间的距离称为节间长度。

(3)四管塔

四管塔塔体由 4 根无缝钢管做主杆,斜、横连杆通过连接筋板与主杆相连接。为达到运输、安装的便利,主杆无缝钢管一般分成 5～6 m 一段,每段之间用外法兰连接。

(4)钢管塔

钢管塔与铁塔相比主要是将组成铁塔的角钢换成了强度更大的钢管,所以强度更大、稳定性更好,主要用于超高压输电线路中。

1.1.3 钢管杆的连接

钢管杆的连接方法有:法兰螺栓连接(法兰螺栓连接的 35 kV 单回路耐张杆如图 3.4 所示)和套接式连接(套接式连接的 110 kV 双回路耐张杆如图 3.5 所示)两种。

多棱锥型钢管杆(亦称多边形钢管杆)多采用套接式接头,即钢管上段套在钢管下段上,套接长度应不小于套接截面直径的 1.5 倍,套接处的间隙为 1～2 mm,此种接头要求有高的加工精度。圆形钢管杆接头,多采用法兰盘连接。钢管杆一般通过法兰盘、地脚螺栓与基础连接。

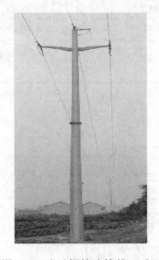

图 3.4　法兰螺栓连接的 35 kV
单回路耐张杆

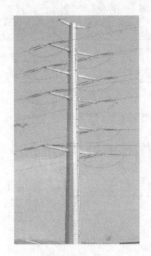

图 3.5　套接式连接的 110 kV
双回路耐张杆

1.2 施工前的准备

(1)人员分工

人员分工见表 3.13。

表 3.13　人员分工

序号	项　目	人数	备　注
1	工作负责人	1	—
2	安全监督	1	必须专责
3	塔上作业	1	持证上岗
4	吊车司机	1	持证上岗
5	地面组装	10	—

(2)所需工机具

所需工机具见表 3.14。

表 3.14　所需工机具

序号	名　　称	规格	单位	数量	备　　注
1	吊车	—	台	1	
2	调整偏拉绳	$\phi 1 mm \times 50 m$	条	6	钢丝绳
3	滑车	3 t	只	4	人力提升小物件用
4	白综绳	$\phi 16 mm$	m	300	控制方向用

（3）所需材料

所需材料见表 3.15。

表 3.15　所需材料

序号	名　　称	规格	单位	数量	备　　注
1	钢管杆	—	根	1	两段
2	横担	—	套	1	—
3	悬式绝缘子	—	片	12	—

1.3　吊车吊装钢管杆

吊车吊装钢管杆作业流程图如下：

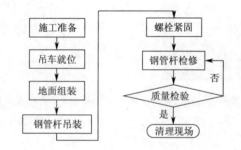

1.3.1　施工准备

（1）材料准备

对进入现场的杆材进行清点和检验，保证进场材料质量符合相关要求。

（2）技术准备

1）钢管杆基础必须经中间检查验收合格，基础混凝土的抗压强度不允许低于设计强度的 70%。

2）钢管杆接地装置施工完毕，具备与杆身可靠连接的条件。

3）熟悉设计文件和图纸，根据施工条件选择吊车的施工方案，及时进行技术交底。

4）组立前要对运输道路进行踏勘，吊车司机必须参加，特别是使用较大型的吊车，必须事先对道路、桥梁及涵洞的承载能力进行调查，满足要求后方可进行吊装方案设计。

5）对施工场地进行平整，对影响吊车吊装施工范围内的障碍物应事先采取措施进行清理或避让。

（3）组织准备

根据人员和现场的具体进行组员分工。

（4）施工工器具准备

1）根据杆重、杆高、起吊负荷等选用合适的吊车。吊车应具备安检合格证,司机应持吊车上岗操作证,起吊前应对吊车进行全面检查。

2）对进入施工现场的机具、工器具进行清点、检验或现场试验,确保施工工器具完好并符合相关要求。

3）根据安全文明施工的要求,配备相应的安全设施。

1.3.2　吊车就位

（1）合理确定吊车的摆放位置,避免在起吊过程中移动吊车,以提高工作效率。

（2）吊车工作位置的地基必须稳固,附近的障碍物应清除,吊车的支撑点应选择在坚硬的土层上。

（3）组装段的位置应与吊车回转范围相适应。

（4）平面布置中要注意组装段位置与起吊顺序相适应。

1.3.3　地面组装

（1）地面组装位置以适合吊车起吊为原则,杆塔的单件重量应小于吊车额定起重量,同时注意起重量大小与伸臂长度的关系。组装好的构件必须在吊车允许起吊半径范围内。

（2）地面组装时应考虑好组装形成的吊件重心位置及吊绳的绑扎位置,根据施工现场的情况、构件有无方向限制等确定构件布置位置,留出操作空间方便吊绳、控制绳的绑扎及方向控制。

（3）螺栓连接构件时,螺杆应与构件面垂直,螺栓头平面与构件不应有空隙,螺母拧紧后,螺杆露出螺母的长度,对单螺母者应不小于两个螺距,对双螺母可与丝扣平齐。

1.3.4　钢管杆构件吊装

（1）正式吊装前,必须进行试吊。

（2）根据杆的高度、重量及地形条件确定吊装方案。分解吊装主要用于受吨位和高度影响只能分段吊装的钢管杆,整体吊装主要用于吨位小的钢管杆。

（3）仔细核对吊车允许荷载及相应允许起吊高度,所有各段重量及相应起吊高度均处于该吊车荷载范围及相应允许起吊高度以内,严禁超载起吊。

（4）对于分段吊装钢管杆身,吊点一般选择在构件的上端,便于杆体就位;对于整体吊装钢管杆,应选择在吊件重心以上位置。

（5）组立钢管杆应按段将钢管杆依次排列,根据吊车允许工况吊立钢管杆下段并与地脚螺栓连接紧固。

1.3.5　钢管杆检修

（1）检查所有部位螺栓数量及规格,对所有螺栓进行复紧,达到设计及规范要求的螺栓扭矩。

（2）及时采取有效的钢管杆防盗和防松措施。

（3）清理杆身遗留杂物,清洗杆身污垢,及时清理施工现场,做到"工完、料尽、场地清"。

（4）对钢管杆进行质量检验。

1.3.6　安全控制措施

（1）钢管杆组立安全保证措施

1）起吊绑扎绳应有足够的安全可靠性。由于吊装杆塔开始状态时起吊绳受力较小,但它可能受力不均,最终状态时受力最大。选择吊点绳时应对开始状态和最终状态两种情况分别进行验算,以保证起吊绳及相应连接件的安全。

2)校验杆塔强度。为了就位方便,吊点一般偏高,因此杆体吊点处,中部及下端都可能因弯曲变形而损坏,对杆体受力部位应进行强度验算,必要时应进行补强。

3)起吊过程中的起吊速度应均匀,缓提缓放,并随时注意吊装情况。操作人员应事先选择好站立位置,正确系好安全绳,然后进行作业。

4)分段吊装时,上下段连接后,严禁用旋转起重臂的方法进行移位找正。

5)在电力线附近组杆时,吊车必须接地良好,与带电体的最小安全距离应符合安全规程的规定。杆件离地约 0.1 m 时应暂停起吊并进行检查,确认正常后方可正式起吊。

6)吊车在作业中出现不正常,应采取措施放下杆件,停止运转后进行检修,严禁在运转中进行调整或检修。

7)指挥人员看不清工作地点,操作人员看不清指挥信号时,不得进行起吊。注意:起吊时,相互配合,只有配合到位才能保证安全,才能成功立杆。

(2)危险点及预控措施

危险点及预控措施见表 3.16。

表 3.16　危险点及预控措施

序号	危险点	可能导致的事故	预控措施
1	安全带未定期试验	高空坠落	定期进行拉力试验,使用前进行外观检查,有破损不得使用
2	进入施工现场人员未正确佩戴安全帽	机械伤害	未正确佩戴安全帽者,不得进入施工现场
3	受力工器具以小代大	机械伤害	工器具严禁以小代大
4	利用树木或外露岩石做牵引或制动等受力锚桩	其他伤害	根据受力大小使用地锚或角铁桩受力
5	设备吊装、绑扎方法错误	起重伤害	按技术要求进行施工
6	起重装卸无设专人指挥	起重伤害	设专人指挥
7	高空作业所用的工具和材料未放在袋内或用绳索扎牢,上下传递未用绳索吊送,乱抛掷	物体打击	使用工具袋装小物件,上下传递用麻绳吊送
8	地锚未进行回填土	物体打击	地锚放入坑内连接拉棒后,马上进行回填夯实
9	受力钢丝绳的内侧有人	物体打击	人员必须在钢丝绳的外侧
10	高空作业人员随意搁置物品或浮置工具	物体打击	严禁搁置物品或浮置工具,应进行可靠、牢固绑扎、固定
11	高空上下交叉作业	物体打击	分层作业避免在同一垂直线上作业
12	吊机作业时,下面有人	物体打击	起重范围内不得站人

1.3.7　质量控制措施及检验标准

施工中必须严格按以下质量保证措施:《架空电力线路施工及验收规范》及《送变电工程质量检验及评定标准(第 1 部分:送电工程)》(Q/CSG 1001 7.1—2007)。各工序要认真检查,发现问题及时处理,不合格不得进入下一道工序施工。

（1）现场构件应分类、分段号摆放。

（2）如因运输造成局部镀锌层磨损时（小于 100 mm^2），应喷防锈漆，进行防锈处理。喷前应将磨损处清洗干净并保持干燥。

（3）螺栓数量不得缺少，规格必须符合设计图纸要求，穿向应符合工程的统一规定。

（4）螺杆与螺母的螺纹有滑牙或螺母棱角磨损以至扳手打滑的螺栓必须更换。

（5）铁件与钢丝绳的接触面必须垫麻包袋等软物，保护镀锌层。

（6）杆塔立好后，立杆人员必须及时检修，及时发现质量问题，及时总结并改进立杆施工工艺，以保证质量控制。

2 引导问题

2.1 独立完成引导问题

2.1.1 基础问题

（1）钢管杆由_____经压力机冷压成型。钢管杆的截面有_____形和_____形两种，钢管杆的边形数和锥度可根据_____确定。制作时先将钢板压成两个半环，然后由两条纵向焊缝焊成。

（2）钢管杆的连接方法有：_____连接和_____连接两种。

（3）钢管杆一般通过法兰盘、_____与基础连接。

（4）根据杆重、杆高、起吊负荷等选用合适的吊车。吊车应具备_____合格证，司机应持_____操作证，起吊前应对吊车进行全面检查。

（5）地面组装位置以适合_____为原则，杆塔的单件质量应_____于吊车额定起重量，同时注意起重量大小与伸臂_____的关系，组装好的构件必须在吊车允许起吊半径范围内。

（6）地面组装时应考虑好组装形成的吊件_____位置及吊点绳的绑扎位置，根据施工现场的情况、构件有无方向限制等确定构件布置位置，留出_____方便吊绳、控制绳的绑扎及方向控制。

（7）螺栓连接构件时，螺杆应与构件面_____，螺栓头平面与构件不应有_____，螺母拧紧后，螺杆露出螺母的长度，对单螺母者应不小于_____个螺距，对双螺母可与丝扣平齐。

（8）根据杆的高度、重量及地形条件确定吊装方案。分解吊装主要用于受吨位和高度影响只能_____吊装的钢管杆，整体吊装主要用于吨位_____的钢管杆。

（9）对于分段吊装钢管杆身，吊点一般选择在构件的_____端，便于杆体就位；对于整体吊装钢管杆，应选择在吊件_____位置。

（10）立杆完成后，应清理杆身遗留杂物，清洗杆身污垢，及时清理施工现场，做到"工完、料_____、场地_____"。

（11）在电力线附近组塔时，吊车必须_____良好，与带电体的最小安全距离应符合安全规程的规定。塔件离地约_____m时应暂停起吊并进行检查，确认正常后方可正式起吊。

（12）吊车在作业中出现不正常，应采取措施放下塔件，停止_____后进行检修，严禁在运转中进行调整或检修。

2.1.2 关键问题

(1)请画出吊车吊装钢管杆的施工流程图。

(2)采用吊车吊装钢管杆时应做好哪些技术准备?

(3)采用吊车吊装钢管杆时应注意什么?

2.2 小组合作寻找最佳答案

采用扩展小组法,对照答案完成书末附表1。

2.3 与教师探讨

重点对书末附表1中打"✓"的问题,特别是4对4讨论结果中打"×"的问题进行探讨。

3 计划决策

独立填写领料单、人员分工表,编写施工方案;小组合作讨论共同填写小组领料单,小组人员分工表,确定最佳施工方案。

4 任务实施

4.1 施工准备

(1)工作负责人召集全组人员进行"二交三查"。
(2)以工作组为单位领取工器具和材料。

4.2 施工操作

(1)施工准备。特别注意:要做好材料、技术、组织及施工工器具4方面的准备工作,其中任何一项未准备好都不能开始作业。

（2）吊车就位。特别注意：吊车的摆放位置及吊车摆放处地基的稳固性。清除吊车工作位置附近的障碍物，平面布置中要注意组装段位置与起吊顺序相适应。

（3）地面组装。特别注意：地面组装位置应以适合吊车起吊为原则，杆塔的单件质量应小于吊车额定起重量，同时注意起重量大小与伸臂长度的关系，组装好的构件必须在吊车允许起吊半径范围内。

（4）钢管杆构件吊装。特别注意：吊装前应先试吊。根据杆的高度、重量及地形条件确定吊装方案。对于分段吊装钢管杆身，吊点一般选择在构件的上端，便于杆体就位；对于整体吊装钢管杆应选择在吊件重心以上位置。

（5）钢管杆检修。特别注意：检查所有部位螺栓的数量及规格，对所有螺栓进行复紧，达到设计及规范要求的螺栓扭矩。清洗杆身污垢，及时清理施工现场，做到"工完、料尽、场地清"。

5　检查

（1）根据实际情况填写任务完成情况检查记录表。
（2）对施工过程中出现的问题进行分析，并填写施工问题分析表。

6　总结评价

每人对施工过程进行总结，小组合作完成汇报文稿。请各组根据任务完成过程，通过讨论填写任务完成评价表。

学习子情境 3　水平拉线安装

学习情境描述

为配电线路演练场一终端杆安装跨越道路的水平拉线（拉线桩杆已立好），拉线采用型号为 GJ-35 的镀锌钢绞线。

学习目标

1. 了解水平拉线的结构和适用场所。
2. 会搜集水平拉线安装方面的资料。
3. 能准确测量拉线长度、计算下料长度。
4. 能编制出最佳的施工工序，做到举一反三。
5. 能熟练使用相应工具，掌握拉线安装操作技巧。
6. 养成安全、规范的操作习惯，能与团队友好协作，解决实际问题。

学习引导

快速完成本任务流程：同"学习子情境 1"。

1 相关知识

1.1 基础知识

1.1.1 水平拉线的结构

水平拉线又称为高桩拉线,在不能直接做普通拉线的地方,如跨越道路等地方,则可做水平拉线。水平(高桩)拉线是指通过高桩将拉线升高一定高度,不影响车辆的通行。水平拉线示意图如图3.6所示。

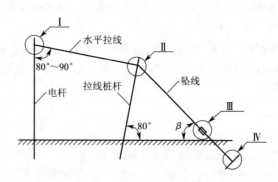

图 3.6 水平拉线示意图

1.1.2 水平拉线安装工序流程

施工准备——拉线基础施工——测量、计算下料长度——预制拉线——安装水平拉线——安装坠线。

1.1.3 水平拉线安装标准

(1)拉线桩杆应向张力反方向倾斜10°～20°。

(2)坠线与拉线桩杆夹角不应小于30°。

(3)坠线上端固定点的位置距杆顶应为250 mm,距地面不应小于4 500 mm。

(4)拉线跨越道路时,距路面中心的垂直距离不应小于6 m。

(5)作为顺向拉线,应与线路方向对正;作为转角杆的合力拉线,应与线路分角线对正。

(6)拉线棒出土处与规定位置的偏差,顺向拉线不应大于拉线高度的1.5%;合力拉线不应大于拉线高度的2.5%。

(7)线夹楔子与拉线接触应紧密,受力后无滑动现象,尾线长度不宜超过400 mm。

(8)UT形线夹的丝扣应露扣,并应由不小于1/2螺杆丝扣供调整,双螺母应并紧。

1.1.4 水平拉线安装注意事项

(1)拉线坠线位于交通要道或人易触及的地方,预制坠线时,需在坠线上套上拉线保护套,材料另备。

(2)拉线安装完毕后,要做一次检查,以免遗忘工具和余料。

1.2 水平拉线安装前的准备

1.2.1 人员分工

人员分工见表3.17。

表3.17 人员分工

序号	项 目	人数	备 注
1	安全防护	1	—
2	拉线制作安装	4	—

1.2.2 所需工机具及安全用品

所需工机具及安全用品见表3.18。

表3.18 所需工机具及安全用品

序号	名 称	规格	单位	数量	备 注
1	电工工具	—	套	2	—
2	断线钳	大号	把	1	—
3	紧线器		套	1	—
4	木手锤(或橡胶锤)	1.5 kg	个	1	—
5	卷尺	10 m	把	1	—
6	记号笔	—	支	1	—
7	吊绳	ϕ12 mm;L＝10 m	根	1	—
8	脚扣		副	1	—
9	滑轮	—	个	1	—

1.2.3 所需材料

所需材料见表3.19。

表3.19 所需材料

序号	名 称	规格	单位	数量	备 注
1	镀锌钢绞线	GJ-35	M	—	按需量取
2	楔形线夹	—	套	2	
3	UT形线夹	可调式	套	2	
4	镀锌铁线	ϕ1.2 mm	m	—	按需量取
5	镀锌铁线	ϕ3.2 mm	m	—	按需量取
6	拉线棒		根	1	
7	拉线盘		块	1	
8	拉线抱箍		套	2	
9	延长环		个	2	
10	润滑油	—	kg	0.1	

1.3 水平拉线安装要领

1.3.1 施工准备

(1)确认拉线桩实际位置。

(2)复测拉线方向和拉线坑位置。

1.3.2 拉线基础施工

(1)根据施工设计要求挖拉线坑,方向正确,深度符合要求。

(2)拉线棒与拉线盘垂直,拉线棒位于预定出土位置。

(3)回填。清除回填土中的树根杂草,每填入 500 mm 厚即夯实一次。回填后的坑位应有防沉土层,其培土应高出地面 300 mm,土台上部面积应大于原坑口。

1.3.3 预制拉线

水平拉线安装示意图,如图 3.7 所示。

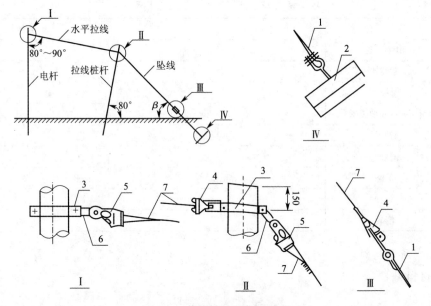

图 3.7 水平拉线安装示意图

1—拉线棒;2—拉线盘;3—拉线抱箍;4—UT 形线夹;5—楔形线夹;6—延长环;7—钢绞线

(1)实测水平线和坠线的长度,各加上 800 mm 作为下料长度。

(2)预制水平拉线和坠线。

1)用钢圈尺在钢绞线上量出所需长度,用记号笔做好标记。在标记两侧各量出 10 mm,用 $\phi1.2$ 镀锌铁线分别绑扎 3~5 圈,用断线钳在标记处将钢绞线剪断。

2)分别从钢绞线一端量出 250 mm,做一标记。以标记为中心,将钢绞线煨弯后套入楔形线夹内,线夹的凸肚应在尾线侧。用手锤敲击线夹本体,使楔子与线夹本体,楔子与钢绞线接触紧密,受力后无滑动现象。把预留尾线与主线按要求尺寸绑扎好。

3)将制作好的回头分别安装于电杆和拉线桩杆的拉线抱箍上的延长环中,实测水平拉线和坠线另一回头位置,预制好水平拉线和坠线。

(3)水平拉线的安装。

1)作业人员登上拉线桩杆。用吊绳吊上滑轮和 $\phi4.0$ mm 铁线,滑轮用 $\phi4.0$ mm 铁线固定在拉线抱箍下方处。用吊绳吊上水平拉线的 UT 形线夹端,杆上作业人员把吊绳穿过钢滑轮将吊绳放下。

2)在距水平拉线过道两侧各 5 m 处设防护人员。杆下作业人员用吊绳绑扎住水平拉线另一头,牵拉至电杆根部,电杆上人员将其吊起,按要求将楔形线夹安装于延长环。

3)拉线桩杆下作业人员牵拉吊绳拉紧水平拉线,拉线桩杆上人员按要求装好 UT 形线夹。之后,拉起坠线并将其安装在抱箍另一侧的延长环中。

4)杆上作业人员下杆,地面人员将坠线的另一端安装于拉线棒环中。

5)调正拉线,使其符合规程要求。

2 引导问题

2.1 独立完成引导问题

2.1.1 填空题

(1)水平拉线又称为_____拉线,在不能直接做普通拉线的地方,如跨越道路等地方,则可做水平拉线。水平拉线是通过_____将拉线升高一定高度。

(2)拉线桩杆应向张力反方向倾斜_____。

(3)UT 形线夹的丝扣应露扣,并应有不小于 1/2 的螺杆丝扣供调整,双螺母应并紧。

(4)拉线坠线位于交通要道或人易触及的地方,须在坠线上安装_____。

(5)拉线安装完毕后,应做到"工完、料_____、场地_____"。

2.1.2 选择题

(1)水平拉线距路面中心的垂直距离不应小于( )。

(A) 5 m   (B) 6 m   (C) 7 m   (D) 7.5 m

(2)水平拉线距钢轨轨面垂直距离不应小于( )。

(A) 5 m   (B) 6 m   (C) 7 m   (D) 7.5 m

(3)钢绞线拉线,应采用直径不大于( )的镀锌铁线绑扎固定,绑扎应整齐、紧密。

(A) $\phi 3.0$ mm   (B) $\phi 3.1$ mm   (C) $\phi 3.2$ mm   (D) $\phi 3.3$ mm

(4)坠线与拉线桩杆夹角不应小于( )。

(A) 30°   (B) 35°   (C) 40°   (D) 45°

(5)坠线上端固定点的位置距杆顶应为 250 mm,距地面不应小于( )m。

(A) 4 m   (B) 4.5 m   (C) 5 m   (D) 5.5 m

2.1.3 问答题

(1)写出水平拉线安装的工序流程。

(2)画出水平拉线的安装示意图。

(3)怎么样才能有效地减小水平拉线的施工误差,并做到一次成功?

2.2　小组合作寻找最佳答案

采用扩展小组法,对照答案完成书末附表1。

2.3　与教师探讨

重点对书末附表1中打"☑"的问题,特别是4对4讨论结果中打"×"的问题进行探讨。

3　计划决策

独立填写领料单、人员分工表,编写施工方案;小组合作讨论共同填写小组领料单,小组人员分工表,确定最佳施工方案。

4　任务实施

4.1　水平拉线安装前准备

(1)工作负责人召集全组人员进行"二交三查"。
(2)以工作组为单位领取工器具和材料。

4.2　水平拉线安装操作

(1)拉线基础施工。特别提示:测量要复核,施工要规范,以前施工经验要吸取。
(2)测量相关数据。特别提示:测量要复核,记录要清晰。画草图,记录所有测量值。
(3)分别计算水平拉线和坠线的用料长度。特别提示:每个组员都要算,结果一致方可做断线标记,两边绑扎后才能断线。
(4)预制水平拉线和坠线。
特别提示:
1)制作回头时控制好弯曲点可有效减小拉线的长度误差。
2)弯曲过程不可使力过大,可反复多次使其达到要求,否则易使钢绞线因出现硬弯而无法与楔形线夹舌板密贴。
3)钢绞线弹力较大,弯曲时一定要抓稳且对面不能有人。
4)用木手锤敲击时,应弯腰,双手外伸,要稳、准。
(5)安装水平拉线。特别提示:做好水平拉线和坠线的上端后,做其下端回头前一定要进行实测,以便将做上端回头时产生的施工误差在做下端回头时调整回来。
(6)调整拉线。技术提示:通过调整 UT 形线夹的可调螺栓让水平拉线和坠线不松即可,不可用力过大。

5　检查

(1)根据实际情况填写任务完成情况检查记录表。
(2)对施工过程中出现的问题进行分析,并填写施工问题分析表。

6　总结评价

每人对施工过程进行总结,小组合作完成汇报文稿。请各组根据任务完成过程,通过讨论填写任务完成评价表。

学习子情境4 机械架设导线

学习情境描述

为配电线路演练场架设三相两档导线，导线水平排列；导线型号为 LGJ-240。具体任务有施工技术交底,选择放、紧线场地,清理道路,消除放线障碍,布置线盘,安装放线滑轮,放线,紧线及固定导线等。

学习目标

1. 了解团队协作的重要性。
2. 会根据实际情况选择导线截面积。
3. 会搜集导线架设方面的资料。
4. 能编制出最佳的施工工序,并能举一反三。
5. 能够正确使用架线的工器具。
6. 能按规程要求进行放线操作,达到规范要求的质量标准。
7. 了解导线架设组织措施、安全措施、技术措施和劳动保护措施。
8. 养成安全、规范操作的习惯,有良好的沟通协作能力。

学习引导

快速完成本任务流程:

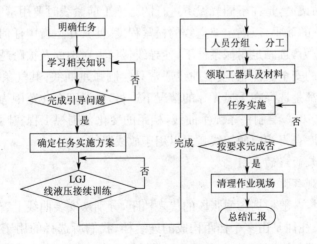

1 相关知识

1.1 基础知识

1.1.1 配电线路的各种档距

对杆塔而言档距是指相邻两杆塔中心线之间的水平距离;对导线设计而言,档距是指导线相邻两悬挂点间的距离。

（1）水平档距是指杆塔前后两导线档距之和的一半。水平档距是用来计算导线传递给杆塔的水平荷载的主要数据。

（2）垂直档距是指杆塔前后两档中导线最低点之间的水平距离。垂直档距用来计算杆塔承受导线的垂直荷载。

当导线悬挂点等高时，水平档距与垂直档距值相同。

（3）代表档距是指在耐张段内，当直线杆塔上出现不平衡张力差，悬垂绝缘子串发生偏斜，而趋于平衡时，导线的应力（称代表应力）在状态方程式中所对应的档距。它是一个假定的档距，在代表档距下，导线应力的变化规律与实际耐张段各档距中导线应力的变化规律相同。代表档距又称规律档距或当量档距。代表档距的计算公式为

$$l_{\mathrm{d}} = \sqrt{\sum_{i=1}^{n} l_i^3 \Big/ \sum_{i=1}^{n} l_i} = \sqrt{\frac{l_1^3 + l_2^3 + \cdots + l_n^3}{l_1 + l_2 + \cdots + l_n}}$$

式中　　l_{d}——档距，m；

$l_1, l_2, \cdots, l_n$——耐长段内各档的导线档距，m。

（4）临界档距是指在最低温度和最大荷载时都能形成导线最大应力的假设档距。当代表档距大于临界档距时，导线的最大应力在最大覆冰或最大风速时出现；当代表档距小于临界档距时，导线的最大应力在最低温度时出现。

1.1.2　导线的安装曲线

导线安装曲线就是以档距为横坐标，以弧垂或应力为纵坐标，利用导线的状态方程式，将不同档距、不同气温时的弧垂和应力绘制成的曲线。该曲线供施工时安装导线使用，并作为线路运行的技术档案资料。

导线和避雷线的架设，是在不同气温下进行的。施工前紧线时要用事前做好的安装曲线，查出各种施工气温下的弧垂，以确定架空线的松紧程度，使其在运行中任何气象条件下的应力都不超过最大使用应力，且满足耐振条件下，使导线任何点对地面及被跨越物之间的距离符合设计要求，保证运行的安全。注意：安装曲线通常只绘制弧垂曲线，其气象条件为无风无冰情况（因为导线的安装都是选择在无风无冰的情况下进行）。温度变化范围为最高气温到最低气温，可以每隔 5 ℃或 10 ℃绘制一条弧垂曲线，档距的变化范围视工程实际情况而定。线路安装时，可根据实际温度查得相应的架线弧垂以用于放线紧线。

1.1.3　导线安装曲线的应用

（1）施工紧线时观察弧垂

架空线路施工时，一般根据各耐张段的代表档距，分别从安装曲线上查出各种施工温度下的弧垂。一个耐张段往往是由多个档距构成的连续档，我们所选择的用于在紧线时作为观察弧垂的档距，即观察档，其档距值往往与假定的代表档距值不等，所以，需根据下面的公式将所查得的代表档距的弧垂值换算到实际观察档的弧垂。

$$f_{\mathrm{g}} = f_{\mathrm{d}} \left(\frac{l_{\mathrm{g}}}{l_{\mathrm{d}}}\right)^2 \tag{4.1}$$

式中　　f_{d}、f_{g}——分别为代表档和观察档弧垂；

　　　　l_{d}、l_{g}——分别为代表档和观察档档距。

【例】　有一条线路如图 3.8 所示，2 号与 3 号杆之间为观察档，线路各档档距如图 3.8 所

示。试求施工环境温度为 15 ℃时的观察档弧垂值。

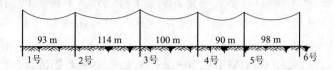

图 3.8 配电线路档距图

【解】 代表档距 $l_d = \sqrt{\sum_{i=1}^{5} l_i^3 / \sum_{i=1}^{5} l_i} = \sqrt{\dfrac{93^3 + 114^3 + 100^3 + 90^3 + 98^3}{93 + 114 + 100 + 90 + 98}} = 100 \ (m)$。

查安装曲线表知:温度为 15 ℃,档距为 100 m 时,导线的弧垂为 1.0 m。则温度为 15 ℃时的观察档弧垂值 $f_g = f_d \left(\dfrac{l_g}{l_d}\right)^2 = 1.0 \times \left(\dfrac{114}{100}\right)^2 = 1.3 \ (m)$。

(2)处理导线初伸长

1)初伸长及其影响

金属绞线不是完全弹性体,因此安装后除产生弹性伸长外,还将产生塑性伸长和蠕变伸长,综合成为塑蠕伸长。塑蠕伸长将使导线、避雷线产生永久变形,即张力撤去后这两部分伸长仍不消失,这在工程上称之为初伸长。

初伸长与张力的大小和作用时间的长短有关,在运行过程中随着导线张力的变化和时间的推移,这种初伸长逐渐被伸展出来,最终在 5~10 年后才趋于一稳定值。显然,初伸长的存在增加了档距内的导线长度,从而使弧垂永久性增大,结果使导线对地和被跨越物距离变小,危及线路的安全运行。因此,在进行新线架设施工时,必须对架空线预做补偿或实行预拉,使在长期运行后不致因塑蠕伸长而增大弧垂。

2)初伸长的补偿

补偿初伸长最常用的方法有减小弧垂法和降温法。

①减小弧垂法

在架线时适当的减小导线的弧垂(增加导线应力),待初伸长在运行中被拉出后,所增加的弧垂恰恰等于架空线时减少的弧垂,从而达到设计弧垂要求。导线和避雷线的初伸长率一般应通过试验确定,如无资料,一般可采用下列数值:

钢芯铝线:$3 \times 10^{-4} \sim 4 \times 10^{-4}$;轻型钢芯铝线:$4 \times 10^{-4} \sim 5 \times 10^{-4}$;加强型钢芯铝线:$3 \times 10^{-4}$;钢绞线:$1 \times 10^{-4}$。

②降温法

降温法是目前广泛采用的初伸长补偿方法,即将紧线时的气温降低一定的温度 Δt,然后按降低后的温度,从安装曲线查得代表档距的弧垂。最后再按式(4.1)计算出观测档距的弧垂,该弧垂即为考虑了初伸长影响的紧线时的观测弧垂。

$$\Delta t = \frac{\varepsilon}{\alpha} \tag{4.2}$$

式中 Δt——需降低的温度,℃;

      ε——导线初伸长率;

      α——导线膨胀系数,1/℃。

当架线温度取比实际温度低 Δt,即可补偿初伸长的影响。

对于不同种类的导线和避雷线,在考虑初伸长的影响时,其降低的温度值是不同的,Δt 的值可根据式(4.2)来确定,与前面推荐的各种导线和避雷线初伸长率相对应的降温值如下:

钢芯铝线:15~20 ℃;轻型钢芯铝线:20~25 ℃;加强型钢芯铝线:15 ℃;钢绞线:10 ℃。

1.2 导线架设前的准备

1.2.1 调查和分工

展放负责人应会同各组长对沿线情况进行周密的调查和分工。调查和分工人员见表 3.20。

调查和分工见表 3.20。

表 3.20 调查和分工

序号	项 目	人数	备 注
1	工作负责人	1	—
2	操作	9	—

1.2.2 准备工机具

准备工机具见表 3.21。

表 3.21 准备工机具

序号	名 称	规格	单位	数量	备 注
1	断线钳	大号	把	1	—
2	卷尺	50 m	把	1	—
3	吊绳	$\phi 12$ mm;$L=10$ m	根	3	—
4	脚扣	—	副	3	—
5	开口铝滑轮	—	套	1	ϕ滑轮≥10ϕ导线
6	手搬葫芦	—	套	1	—
7	紧线器	—	套	1	—
8	绞磨(或卷扬机)	—	台	1	—
9	牵引绳	—	根	1	紧线用
10	滑车组	—	套	1	—
11	弛度板	—	套	2	—

注:开口塑料滑轮直径不应小于绝缘线外径的12倍,槽深不小于绝缘线外径的1.25倍,槽底部半径不小于0.75倍绝缘线外径,轮槽槽倾角为15°。

1.2.3 准备材料

准备材料见表 3.22。

表 3.22 准备材料

序号	名　　称	规格	单位	数量	备　　注
1	导线	LGJ-240	m	150	—
2	耐张线夹	240 型导线用	个	6	—
3	悬垂线夹	240 型导线用	个	3	—
4	铝包带	1×10 mm	盘	1	—
5	绑扎线	—	m	—	按需量取
6	悬式绝缘子	—	片	15	—

1.2.4 钢芯铝绞线压接管液压连接

(1)画印割线

钢芯铝绞线对接式接续的工艺尺寸要求如图 3.9 所示。自钢芯铝绞线端头 O 向内量 $(1/2)L_1 + \Delta L_1 + 200$ mm 处以绑线 P 扎牢(可取 $\Delta L_1 = 10$ mm);自 O 点向内量 $(1/2)L_1 + \Delta L_1$ 处划一割铝股印记 N;松开原钢芯铝绞线端头的绑线,为了防止铝股剥开后钢芯散股,故松开绑线后先在端头打开一段铝股,将露出的钢芯端头用绑线绑扎牢固,然后用切割器切割铝股。切割内层铝股时,只割到每股直径 3/4 处,然后将铝股逐股掰断,以防伤及钢芯。

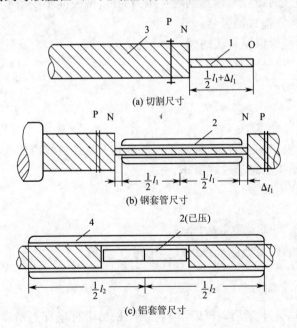

(a) 切割尺寸

(b) 钢套管尺寸

(c) 铝套管尺寸

图 3.9 钢芯铝绞线对接式接续的工艺尺寸要求

1—钢芯;2—钢接续管;3—铝线;4—铝接续管

(2)钢接续管压接

先在钢芯铝绞线一端套入铝接续管,松开剥露钢芯上绑线,将钢芯按原绞制方向旋转推入钢接续管,直到钢芯两端相抵,两预留 ΔL_1 长度相等。钢接续管装好后,放入液压机钢模内,先在钢接续管中心压下第一模,向一端连续压下第二模、第三模…,直至钢接接续管端,然后,再从中间向另一端连续压下第二模、第三模…,直至钢接接续管端,如图 3.10(a)所示。

（3）铝接续管压接

压好钢接续管后，先将导线压接部分清洗净化，涂好电力脂、擦刷氧化膜，再找出钢管中点 O，向两端铝线上各量出铝管长之半处作印记 A；最后将钢管顺铝绞线绞制方向推入，直到两端管口与铝线上定位印记重合，参看图 3.9 和图 3.10。这时在铝接续管外进行液压，铝接续管与钢接续管重叠部分不压，压接顺序是由重叠处两端各让出 10 mm 处开始分别向两端进行，压完一边再压另一边，如图 3.10(b) 所示。

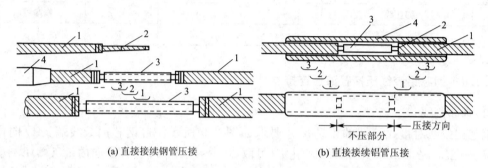

(a) 直接接续钢管压接　　　　　　(b) 直接接续铝管压接

图 3.10　钢芯铝绞线连接
1—钢芯铝绞线；2—钢芯；3—钢管；4—铝管

注意：液压操作施压时要以每模达到规定压力为准，两模间至少重叠 5 mm。

（4）锉掉飞边，将铝管锉成圆弧状

钢管锌皮脱落者，应涂以富锌漆防锈。

1.3　导线架设

1.3.1　机械放线

（1）放线前的准备工作

1）放线滑车的悬挂。在直线杆塔绝缘子串的金具上悬挂放线滑轮。

2）在耐张杆塔的横担上悬挂放线滑车。

3）布置牵引场和张力场。

4）搭设跨越架。

5）准备好通信联络工具，布置通信联系。

6）沿线障碍已消除，跨越线路的停电联系工作。

（2）展放导引绳

1）用人力展放导引绳。

2）当线头放过杆塔几十米后，挂线组应将线回松吊上杆塔穿过滑车，放一档线挂一基杆塔，直至将全耐张段导线挂至滑车上。

3）每个放线段需展放 3～5 个导引绳，采用抗弯连接器连接。

4）导引绳展放完毕后在放线区段两端将其临时锚固，并使导引绳保持一定的张力。

（3）展放牵引绳

1）将已展放的导引绳的一端与小张力车上的牵引绳连接，另一端与小牵引机连接。

2）开动小牵引机和小张力机，通过导引绳将牵引绳牵引，展放到各杆塔的放线滑车上。

3）牵引绳展放完毕后，将其两端进行锚固。

（4）展放导线

1）将牵引钢丝绳绕在牵引机的绕线轮上，其绕线方向由内向外绕，上进上出，顺槽绕满后引出并与绕线盘连接固定。

2）在张力场侧先用尼龙绳绕在张力轮上，尼龙绳的一端与线盘上的导线连接。

3）慢慢开动张力机，用尼龙绳带动导线，使导线绕在张力轮上。导线绕在张力轮上的方向为左进右出，上进上出。导线绕在张力轮上之后，线端由张力轮上引出与牵引板连接牢固。

4）慢慢开动牵引机收紧牵引绳，拆除牵引绳的临时锚固，根据要求调整放线张力和牵引张力，待各导线张力一致，牵引板保持平衡后，即可牵引导线。

5）将导线展放在放线滑车上，待导线展放完毕后，将导线两端临时锚固在地面上。

（5）拆除牵引设备

完成张力放线，拆除牵引设备，转入下一道工序。

1.3.2 紧线

接受工作任务，进行现场查勘，制订施工"三措"，确定张力放线方案。开工前召开工前会，交代工作任务，进行技术交底，安全注意事项，进行危险点分析及预控，对作业人员进行分工。

（1）紧线前的准备工作

1）按所需器材型号、规格、数量准备作业工器具及材料。

2）对作业工器具进行外观检查。

3）检查紧线段内基础混凝土、各杆塔强度。

4）耐张杆塔调整好永久拉线，并在两端杆塔受力反方向侧打好临时拉线和各项补强措施。

5）埋设牵引地锚。

6）派专人检查导地线有无障碍物挂住，导地线在放线滑轮内是否掉槽和被卡住，交叉跨越处的安全措施是否妥当。

7）在紧线段内的跨越架、树木、河塘、房舍、交通要道等处及压接管过滑轮处和各杆塔附近均应设专人看护，并保持对讲机通信畅通。

8）观测弧垂人员就位，牵引机准备就绪。

（2）紧线

紧线区段所有的准备工作都做好之后，工作负责人统一指挥，下令开启牵引机，紧线开始。

1）观察弧垂，在换线区段选取观测档，根据设计要求的弧垂，从导线悬垂线夹分别量取所要观测的弧垂，在两侧杆塔上绑上弛度板。观测人员用两弛度板、弧垂点三点一直线的原理在紧线的过程中来确定导线是否紧好。

2）导地线弧垂符合设计要求时，安装耐张线夹。

3）挂线后应缓慢放松牵引绳，边松边调整永久拉线和临时拉线，并观测杆塔有否变形。

4）架线后测量对被跨越物的净空距离。

5）拆除紧线工器具。

1.3.3 固定导线

（1）操作程序

将手扳葫芦的挂钩挂在导线上（不影响安装线夹的位置），横担上1人收紧导链，取下放线滑轮，在导线上悬垂线夹安装位置缠绕铝包带。装上悬垂线夹，拧紧U形螺丝，将碗头与线夹的连板用穿钉连接好，戴上螺帽，并插好弹簧销子。放松手扳葫芦，使导线落至绝缘子串下端时停止下落。杆塔上 1 人下至导线上,系好安全带及二道保护后,将线夹上的碗头与绝缘子串下端的球头相连接,插上弹簧销子。横担上 1 人继续放落导线,使绝缘子串受力,取下手扳葫芦。

(2)质量要求

铝包带应紧密缠绕,其缠绕方向应与外层铝股的绞制方向一致。所缠铝包带可露出夹口,但不应超过 10 mm,其端头应回夹于线夹内压住。螺栓及穿钉的穿向:

1)悬垂串上凡能顺线路方向穿入者一律宜向受电侧穿入,特殊情况两边线由内向外,中线由左向右穿入。

2)耐张串上一律由上向下穿,特殊情况由内向外,由左向右。

3)金具上所用的开口销的直径必须与孔径配合,且弹力适度。

1.4 危险点分析及作业安全注意事项

1.4.1 放线时的危险点分析及作业安全注意事项

(1)各工器具连接组合要合适。必须保证所用的工器具在定期试验周期内,不得超期使用。

(2)使用前必须进行外观检查,并正确使用。

(3)如果转角塔牵引力的受力平面对滑轮面的倾斜度较大,易发生跳槽,可用拉绳使其预偏。

(4)检查好放线滑轮,对于转轴不好的不能使用。

(5)在架设跨越架时保证其长宽度符合标准,采取两侧加装拉线或撑杆的方法,防止倒塌。

(6)放线前,沿线勘查保证对沿线障碍消除情况的了解。

(7)保证联系畅通,控制好领线人和看线盘人员的协调。

(8)在线头穿入放线滑轮时,不应强用力,使导线受伤。

(9)当导引绳被卡住、挂住时,应立即用通信工具通知全线施工人员,进行处理。

(10)高空作业人员不得麻痹违章,不管大小工作,都应打好安全带和二道保护绳。

(11)各位置人员应协调一致。

(12)发生滑车转动不灵活、跨越架不牢固、摩擦严重等意外情况时,应先停牵引机,再停张力机,以免发生导线受力严重拉断等问题。

(13)当存在平行或交叉带电线路,感应电较大等情况,应将牵张机可靠接地,当有雷声时应立即停止,避免雷击。在带电跨越架的两侧,放线滑轮应接地。

1.4.2 紧线时的危险点分析及作业安全注意事项

(1)工作负责人根据作业人员的技术状况、身体素质等条件对作业人员进行合理分工。

(2)各工器具连接组合要合适,工器具满足荷载要求。必须保证所用的工器具在定期试验周期内,不得超期使用。

(3)在重要的交叉跨越处必须设专人监护,并且保证通信联系始终畅通,出现问题随时汇报,停止牵引,处理后方可继续牵引。

(4)紧线时,导地线正下方严禁有人作业或逗留。

(5)严禁任何人站在线圈和线弯的内侧。

(6)牵引的导地线即将离地时,严禁横跨导地线。

(7)杆塔上作业必须使用安全带及二道保护,安全带系在牢固的构件上,防止在端部脱出或被锋利物伤害。系安全带后必须检查扣环是否扣牢,在杆塔上作业转位时,不得失去安全带保护。

(8)安装耐张线夹应满足下列要求:

1)使用卡线器在高空安装时,应采取防止跑线的可靠措施。

2)使用螺栓线夹在高空安装时,必须将螺栓整齐、拧紧,然后方可松牵引绳。

3)在杆塔上割断的线头应用传递绳放下。

4)采用松线在地面安装时,导地线应锚固牢靠。

5)连接金具靠近挂线点时,应停止牵引,然后挂线人员方可由安全位置到挂线点挂线。

1.4.3　固定导线时的危险点分析及作业安全注意事项

(1)杆塔上作业必须使用安全带及二道保护,安全带系在牢固的构件上,防止在端部脱出或被锋利物伤害。系安全带后必须检查扣环是否扣牢,在杆塔上作业转位时,不得失去安全带保护。

(2)为防止物件意外脱落伤人,拉绳及留绳人员均应站在离开正下方一定距离。

(3)上下传递物品要用绳索,严禁抛扔。杆塔下作业人员不得在传递物品正下方逗留。

(4)当与带电线路平行段较长时,则线路上会有感应电,故在平行段内需加挂接地线,防止感应电伤人。

(5)安全带及二道保护应系在横担主材上,安全带不够长时,应系在绝缘子串上。严禁系在导线及手扳葫芦上。

2　引导问题

2.1　独立完成引导问题

2.1.1　基本问题

(1)对杆塔而言,档距是指相邻两_____之间的水平距离;对导线设计而言,档距是指相邻两_____间的距离。

(2)代表档距是一个假设的档距,在代表档距下,导线应力的变化规律与实际耐张段各档距中导线应力的变化规律_____。代表档距又称_____档距或_____档距。

(3)临界档距是指在最低温度和最大荷载时都能形成导线_____应力的假设档距。当代表档距大于临界档距时,导线的最大应力在_____时出现。

(4)导线安装曲线就是以_____为横坐标,以_____或_____为纵坐标,利用导线的状态方程式,将不同档距、不同气温时的弧垂和应力绘成而成的曲线。

(5)放线滑车应悬挂在直线杆塔的_____上;耐张杆塔的_____上。

(6)机械放线的程序是:先展放_____,再展放_____,最后展放_____。

(7)观察弧垂,在换线区段选取观测档,根据设计要求的弧垂,从导线悬垂线夹分别量取所要观测的_____,在两侧杆塔上绑上_____。观测人员用两弛度板、弧垂点三点一直线的原理在紧线的过程中来确定导线是否紧好。

(8)铝包带应紧密缠绕,其缠绕方向应与_____方向一致,所缠铝包带可露出夹口,但不应超过10 mm,其端头应回夹于_____内压住。

(9)金具上所用的开口销的直径必须与_____配合,且弹力适度。

(10)在线头穿入放线滑轮时,不应_____,使导线受伤。

(11)高空作业人员不得麻痹违章,不管大小工作,都应打好_____和_____。

(12)紧线时,导地线正下方严禁_____。

(13)上下传递物品要用_____,严禁_____。杆塔下作业人员不得在传递物品正下方_____。

(14)当与带电线路平行段较长时,线路存在有感应电,在平行段内加挂_____,防止感应电伤人。

2.1.2　关键问题

(1)架空配电线路进行架设施工时,观察弧垂应如何确定?

(2)机械放线前应做好哪些准备工作?

(3)机械放线的作业流程是什么?

(4)紧线时有哪些危险点及作业安全注意事项?

(5)固定导线时有哪些危险点及作业安全注意事项?

2.2　小组合作寻找最佳答案

采用扩展小组法,对照答案完成引导问题答案对照表,格式见书末附表1。

2.3　与教师探讨

重点对书末附表 1 中打"☑"的问题,特别是 4 对 4 讨论结果中打"×"的问题进行探讨。

3　计划决策

独立填写领料单、人员分工表,编写施工方案;小组合作讨论共同填写小组领料单,小组人员分工表,确定最佳施工方案。

4　任务实施

4.1　关键技能训练——LGJ 导线压接管液压连接

(1)画印割线。特别提示:量准画印,绑扎牢。切割铝股内层需注意,每股只割 3/4,逐股用手来掰断。

(2)钢接续管压接。特别提示:铝管须先套入;钢芯按绞制方向旋转推入,钢芯预留长度应相等;压模定应按顺序。

(3)铝接续管压接。特别提示:压接部分洗干净,涂上中性凡士林或电力脂,刷去氧化层。顺着绞制方向推,二管中心要合一。压接需要找准点,施压要按规定来,相邻两模重叠 5 mm。

4.2　高压配电线路导线架设施工作业前准备

(1)工作负责人召集全组人员进行"二交三查"。
(2)以工作组为单位领取工器具和材料。

4.3　高压配电线路导线架设施工作业

(1)机械放线。特别提示:放线前准备工作应到位;展放导引绳应放一档线挂一基杆塔,并使导引绳保持一定的张力;用小牵引机展放牵引绳;牵引钢丝绳、导线由在牵引机、张力轮上的方向为上进上出。

(2)紧线。特别提示:紧线前准备工作充分;紧线规范,观察档选择得当,弧垂观察精准。

(3)固定导线。特别提示:导线上悬垂线夹前,应在其安装位置缠绕铝包带;螺栓及穿钉一般宜向受电侧穿入,特殊情况两边线由内向外,中线由左向右穿入;耐张串上一律由上向下穿,特殊情况由内向外,由左向右。

5　检查

(1)根据实际情况填写任务完成情况检查记录表。
(2)对施工过程中出现的问题进行分析,并填写施工问题分析表。

6　总结评价

每人对施工过程进行总结,小组合作完成汇报文稿。请各组根据任务完成过程,通过讨论填写任务完成评价表。

学习子情境 5　电力电缆隧道敷设

学习情境描述

在为隧道内敷设一条电缆,采用 0.6/1 kV 的 VLV 普通阻燃型 ZR-VLV。要求操作规范,工艺流程流畅,符合标准。

学习目标

1. 了解电缆隧道敷设的概念和基本要求。
2. 掌握电缆隧道敷设的应用范围与技术要求。
3. 能编制出最佳的(省工、省料、误差小)施工程序,并能举一反三。
4. 掌握电缆隧道敷设的方式方法。
5. 养成安全、规范的操作习惯和良好的沟通习惯及解决问题的能力。

学习引导

快速完成本任务流程:同"学习子情境 4"。

1　相关知识

1.1　基础知识

1.1.1　电缆隧道敷设的基本要求

(1)当电缆与地下管网交叉不多,地下水位较低,且无高温介质和熔化金属液体流入可能的地区,同一路径的电缆根数为 18 根及以下时,宜采用电缆沟敷设;多于 18 根时,宜采用电缆隧道敷设。

(2)电力电缆沟或电缆隧道内敷设时,其水平净距为 35 mm,但不应小于电缆外径。

(3)电缆支架的长度,在电缆沟内不宜大于 0.35 m;在隧道内不宜大于 0.50 m;在盐雾地区或化学气体腐蚀地区,电缆支架应涂防腐漆或采用铸铁支架。

(4)电缆沟和电缆隧道应采取防水措施,其底部应做坡度不小于 0.5% 的排水沟。积水可以直接接入排水管道或经集水坑用泵排出。

(5)在支架上敷设电缆时,电力电缆应放在控制电缆的上层,但 1 kV 以下的电力电缆可并列敷设。

(6)当两侧均有支架时,1 kV 以下的电力电缆和控制电缆宜与 1 kV 以上的电力电缆分别敷设于不同侧支架上。

(7)电缆沟在进入建筑物处应设防火墙。电缆隧道进入建筑物处,以及在变电所围墙处,应设带门的防火墙。此门应采用非燃烧材料或难燃烧材料制作,并应装锁。

(8)隧道内采用电缆桥、托盘敷设时,应符合《电气装置安装工程电缆线路施工及验收规范标准》的有关规定,并应每隔 50 m 安装一个防火密闭隔门,桥架、托盘通过防火的密闭隔门或可燃性的隔板墙时,通过段的电缆应做防火处理。

(9)电缆沟宜采用钢筋混凝土盖板,每块盖板的重量不宜超过 50 kg。

（10）电缆隧道的净高不应低于 1.90 m,有困难时局部地段可适当降低;隧道内应采取通风措施,一般为自然通风。

（11）电缆隧道长度大于 7 m 时,两端应设出口（包括入孔）,两个出口间的距离超过 75 m 时,尚应增加出口。人孔井的直径不应小于 0.70 m。

（12）电缆隧道内应有照明,其电压不应超过 36 V,否则应采取安全措施。

（13）其他管线不得横穿电缆隧道。电缆隧道和其他地下管线交叉时,应尽可能避误免隧道局部下降。

（14）电缆在电缆沟和电缆隧道内敷设时,其支架层间垂直距离和通道宽度不应小于表 3.23 所列数值。

表 3.23　垂直距离和通道宽度与电缆沟深的关系

电缆支架配置及其通道特性	电缆沟深(mm)			电缆隧道(mm)
	≤600	600~1 000	≥1 000	
两侧支架间净通道	300	500	700	1 000
单列支架与壁间通道	300	450	600	900

1.1.2　应用范围与特点

（1）电缆隧道是指容纳电缆数量较多,有供安装和巡视的通道,全密闭型的电缆构筑物。

（2）为维护检修方便,可实施多种形式的状态监测,容易发现运行中出现的异常情况,但一次性投资很大,存在渗漏水现象,比空气重的爆炸性混合物进入隧道会威胁安全。

（3）适用于地下水位低,电缆线路较集中的电力主干线,一般敷设 30 根以上的电力电缆。

（4）电缆隧道不仅能容纳较多电缆且还应有高 1.9~2.0 m 的人行通道,有照明、通风和自动排水装置,并可随时进行电缆安装和维修作业。

（5）电缆隧道适用的场合有以下几个方面:

1）大型电厂或变电所,进出线电缆在 20 根以上的区段。

2）电缆并列敷设在 20 根以上的城市道路。

3）有多回路高压电缆从同一地段跨越内河时。

电缆隧道敷设图如图 3.11 所示。

(a) 钢骨尼龙挂钩悬挂　　　　　　　　　　　　(b) 侧壁悬挂式

图 3.11　电缆隧道敷设图

1.1.3 技术要求

(1)电缆隧道一般为钢筋混凝土结构,可采用砖砌或钢管结构,视土质条件和地下水位高低而定。一般隧道高度为 1.9~2 m,宽度为 1.8~2.2 m。

(2)深度较浅的电缆隧道应至少有两个以上的入孔,一般每隔 100~200 m 应设一入孔,在敷设电缆的地点设置两个入孔,一个用于电缆进入,另一个用于人员进出。进人孔处装设进出风口,在出风口处装设强排风装置。

(3)深度较深的电缆隧道,两端进出口一般与竖井相连接,通常使用强排风管道装置进行通风,通风要求以在夏季不超过室外空气温度 10 ℃为原则。

(4)电缆隧道内设置适当数量的积水坑,一般每隔 50 m 左右设积水坑一个,使水及时排除。

(5)隧道内应有良好的电气照明设施,并应装设贯通全长的连续的接地线,所有电缆金属支架应与接地线连通。电缆的金属护套、铠装除有绝缘要求(单芯电缆)以外,应全部相互连接并接地。

1.1.4 敷设方式

电缆在公路或铁路隧道中的敷设方式有两种:一种是将电缆敷设在混凝土槽中;另一种是在隧道侧壁上悬挂敷设。

(1)混凝土槽中敷设

电缆在混凝土槽中敷设时,混凝土槽设在隧道下部紧靠隧道壁处。对于新建隧道敷设电缆用的混凝土槽由建筑部门按设计图纸修建在隧道边侧。电缆在槽内敷设时应铺垫细沙或其他防振材料,槽上应加盖板并密封。电缆出入混凝土槽时,应穿钢管保护,管口应封堵。

(2)侧壁悬挂敷设

电缆在隧道侧壁上悬挂敷设是一种简单、经济的敷设方式。根据悬挂的方式不同,又可分为钢索悬挂和钢骨尼龙挂钩悬挂两种方式。

1)钢索悬挂。钢索悬挂是在隧道侧壁上安装支持钢索的托架,电缆用挂钩挂在钢索上,托架间的距离一般为 15~20 m,挂钩间的距离通常为 0.8~1.0 m。

这种方式,由于采用大量的金属钢件,在隧道内极易腐蚀损坏,造成电缆的脱落或损伤。因此,该方式应尽量不采用或较少采用。

2)钢骨尼龙挂钩悬挂。钢骨尼龙挂钩悬挂是在隧道侧壁上安装支持电缆用的钢骨尼龙挂钩,将电缆直接挂在挂钩上。挂钩间的距离为 1 m,其安装的高度应不低于 4 m(铁路隧道的高度从轨面算起),在电缆的预留段或伸缩段处,波状敷设的最低点不得低于 3.3 m。

这种敷设方式具有结构简单、施工方便、节省钢材、成本低、使用寿命长等优点。因此,在隧道电缆辐射中应用广泛。

(3)为了施工与维护的方便和安全,电缆中间接头一般设置在避车洞的上方,电缆的接头处应留有足够的落地作业长度,一般为 10~20 m。另外,考虑到电缆受温度变化的影响,每隔250~300 m,要预留一处伸缩段,一般为 3~5 m。电缆预留段和伸缩段处采用波状敷设方式,在做波状敷设时,波形的曲率半径在任何地方均不得超过规定标准。

电缆从隧道内引出时,可采用直埋敷设方式、钢索悬挂或架空敷设方式。由于架空敷设方式结构简单,费用低,可采用。

(4)通过隧道的电缆,其两端终端头的固定方式有在隧道口墙壁上和隧道口附近的电杆上两种。当终端头固定在隧道口墙壁上时,电缆头固定架下沿地面应不小于 5 m;电缆头各相带电部位之间及其与墙壁的距离,对与 10 kV 及以下电缆应不小于 200 mm,电缆用卡箍固定在墙壁上。当电缆终端头固定在隧道口附近的电杆上时,电缆由隧道口架空或由地面下引上电杆,这两种方式均应从地面下 0.2 m 至地面上 2 m 加装保护管。

当电缆连续通过两个距离较近的隧道时,或因地质、地形、障碍物阻挡,在两隧道之间不宜架设架空明线或敷设直埋电缆时,可采用架空电缆线路,其敷设多采用钢索悬挂方式。

1.1.5 敷设方法

(1)在隧道中敷设电缆方法有两种:当隧道长度不超过 400 m 时,可将电缆盘放在隧道口,用人工牵引向隧道里敷设电缆,其方法与直埋电缆的敷设方法大致相同。当隧道长度在400 m 以上时,公路隧道内的电缆敷设方法同上,铁路隧道可将电缆盘支放在轨道车牵引的平板车上,轨道车以不大于 1 m/s 的速度缓慢行驶,施工人员一部分站在平板车的电缆盘旁,另一部分在车下随车行走,准备随时处理出现的问题。将电缆敷放开并置于轨道外以后,再将电缆移至电缆槽内或悬挂在隧道壁上。

(2)敷设电缆前,应首先进行预埋混凝土槽或钢骨尼龙挂钩的工作。通常可以利用轨道车将各种用料运进隧道,分散放置于安全、便利的处所,以节省搬运工时。在混凝土槽中敷设电缆应先按图纸砌筑电缆槽,对于新建隧道应预先掀开电缆槽盖板,清扫槽道,然后按有关规定放入衬垫或细沙。安装尼龙骨架时,可利用风枪在隧道侧壁上打出深 110 mm,长宽各 40 mm的墙洞,然后用水泥砂浆将挂钩埋设牢固,并在达到要求强度以后,再挂设电缆。

(3)在隧道侧壁上悬挂电缆时,需要特别注意:不得侵入“建筑接近界限”。为了确保行车安全,每天施工开始、中途和结束时,都必须认真检查是否有侵入“建筑接近界限”的现象,并及时予以消除,以免发生事故。另外,施工中还应在隧道两端设专人防护,以确保施工的安全。

(4)隧道内敷设的电缆,宜选用塑料电缆,其接头部位要特别注意防潮。

1.2 施工前的准备

1.2.1 人员分工

人员分工见表 3.24。

表 3.24 人员分工

序号	项 目	人数	备 注
1	安全防护	1	—
2	电力电缆隧道敷设	2	—

1.2.2 所需工机具

所需工机具见表 3.25。

表 3.25 所需工机具

序号	名 称	规格	单位	数量	备 注
1	绞磨	—	台	1	—
2	履带式牵引机	—	台	4	—

序号	名　称	规格	单位	数量	备　注
3	转角滑车	—	个	30	—
4	直线滑车	—	个	30	—
5	千斤顶	—	个	4	—
6	电缆盘支架	—	套	1	—
7	小撬棍	—	根	6	—
8	大撬棍	—	根	4	—
9	防捻器	—	副	1	—
10	牵引网套	—	个	1	—
11	钢绳	10 m	m	1	—
12	6 m 钢绳套	6″	根	2	—
13	3 m 钢绳套	6″	根	1	—
14	10 m 钢绳套	6″	根	1	—
15	工具U形环	7/10 t	副	5	—
16	铁桩	—	根	3	—
17	钢锯弓	—	把	3	—
18	矿灯	—	台	5	—
19	木方	—	根		视实际情况定
20	无线对讲机	—	台		视实际情况定
21	大锤	18磅	把	1	—
22	活动扳手	6″、106″、126″	把	9	—
23	电笔	380/220 V	把	1	—
24	警示牌	—	块		视实际情况定
25	围栏	—	条		视实际情况定
26	绳索	—	条		视实际情况定

1.2.3 所需材料

所需材料见表3.26。

表3.26 所需材料

序号	名　称	规格	单位	数量	备　注
1	镀锌铁丝	8#	kg	5	—
2	三相刀闸	20 A	把	5	—
3	两相刀闸	5 A	把	5	—
4	绝缘防水胶带	—	卷	5	—
5	相色带	—	卷	3	—
6	电缆牌	—	块		视实际情况定
7	黑胶布	—	卷	2	—

续上表

序号	名　称	规格	单位	数量	备　注
8	灯泡	220 V/25 W	个	50	—
9	电线	2.5 mm²	m	100	—
10	电缆钢型抱箍	—	副		视实际情况定
11	塑料绑扎带	—	袋	10	—
12	胶皮垫	—	个		视实际情况定
13	电缆头塑料密封罩	—	个	4	—
14	钢锯片	细齿	盒	1	—
15	沙袋	—	袋		视实际情况定
16	四线橡皮电源线	—	m	100	—

1.2.4　材料检查

(1)敷设前应按设计和实际路径计算每根电缆的长度,合理安排每盘电缆,减少电缆接头。

(2)准备工机具和材料,并对电缆隧道进行检查,清除积水和杂物等。

(3)当电缆盘支放在电缆井口上时,为确保电缆盘至电缆沟这段长约10 m的电缆不致悬空,必须在中间设置一个特制下井滑轮架,以利于电缆滑行。

(4)电缆滑车的摆放,除弯曲部分采用滑轮组成适合弧度的滑轮组外,直线部分视情况设置直线滑轮数只,所有滑轮必须形成一条直线。

1.3　操作程序

1.3.1　牵引方式

采用卷扬机钢丝绳牵引和电缆输送机牵引相结合的办法,电缆端部制作牵引端。将电缆盘和卷扬机分别安放在隧道入口处,在入口处搭建适当的滚轮支架,应在电缆盘与隧道入口之间和隧道转弯处设置电缆输送机。隧道中每2~3 m安放滚轮一只。

1.3.2　通信联络

(1)电缆隧道敷设,必须有可靠地通信联络。卷扬机的启动和停车,一定要执行现场指挥人员的统一指令。当竖井或隧道中遇到意外障碍时,要能紧急停车。常用通信联络手段是架设临时有线电话。若使用无线对讲机通话,因受在隧道中有效范围限制,需设必要的中间对讲机传话。

(2)在隧道中,还可设定灯光信号作为辅助通信联络设施,例如设定灯光闪烁,表示需紧急停车信号。

1.3.3　电缆的固定

(1)在电缆隧道中,多芯电缆安装在金属支架上,一般可不做机械固定。单芯电缆则必须固定,因当发生短路故障时,由于电动力作用,单芯电缆之间所产生的相互排斥力,可能导致很长一段电缆从支架上移位,以致引起电缆损伤。

(2)从电缆热机械特性考虑,电缆在隧道支架上和竖井中,应采用蛇形方式,并使用可移动的夹具将电缆固定。

1.3.4　防火措施

敷设在隧道中的电缆应满足防火要求,例如具有不延燃的外护套或裸钢带铠装。

2　引导问题

2.1　独立完成引导问题

2.1.1　基本问题

(1)将电缆线路敷设于已建成的电缆隧道的_____中的安装方式称为电缆隧道敷设。隧道电缆敷设,应采用_____和电缆输送机牵引相结合的办法,电缆端部制作牵引端。将电缆盘和卷扬机分别安放在隧道入口处,在入口处搭建适当的滚轮支架,一般在电缆盘与隧道入口之间和隧道转弯处设置_____。隧道中每 2~3 mm 安放滚轮一只。

(2)在电缆隧道中,多芯电缆安装在_____,一般可以不做机械固定,但单芯电缆则必须固定。因为发生短路故障时,由于电动力作用,单芯电缆之间所产生的相互排斥力,可导致一段电缆从支架上移位,以致引起电缆损伤。

(3)电缆支架的长度,在电缆沟内不宜大于_____;在隧道内不宜大于_____。

(4)电缆隧道长度大于_____时,两端应设出口,两个出口间的距离超过_____时,尚应增加出口。入孔井的直径不应小于_____。

2.1.2　关键问题

(1)电缆隧道敷设的操作程序是什么?

(2)电缆隧道敷设的具体方法是什么?

(3)电缆隧道敷设的常用方式有哪些?

(4)电缆隧道敷设的适用范围与技术要求包括哪些?

2.2　小组合作寻找最佳答案

采用扩展小组法,对照答案完成书末附表 1。

2.3　与教师探讨

重点对书末附表 1 中打"✓"的问题,特别是 4 对 4 讨论结果中打"×"的问题进行探讨。

3 计划决策

独立填写领料单、人员分工表,编写施工方案;小组合作讨论共同填写小组领料单,小组人员分工表,确定最佳施工方案。

4 任务实施

4.1 电力电缆隧道敷设前准备

(1)工作负责人召集全组人员进行"二交三查"。
(2)以工作组为单位领取工器具和材料。

4.2 施工操作

(1)牵引方式。特别提示:敷设前检查所有滑车是否转动灵活,有无损伤及卡阻现象。新滑车应特别检查滚轮两侧裙边有无锐口,如有要进行适当打磨,方可使用,以免损坏电缆。

(2)敷设电缆。

特别提示:

1)电缆敷设后应横平竖直,排列整齐,避免交叉压叠,以达到整齐美观。

2)电缆在隧道支架上水平敷设时,注意采用蛇形方式,并使用可移动的夹具将电缆固定,对于转弯和易划伤的地方,以及垂直或超过45°倾斜角敷设的电缆,必须在每一支架上进行固定,固定的夹具中必须加软衬垫保护电缆。

3)单芯电缆上必须采取固定措施,每3档支架固定一道,也可将三相单芯电缆呈品字形绑扎。

4)当同一电缆支架上敷设几种电压等级的电缆,应按电压等级的高低自上层往下层排列。

5)电缆终端和接头附近应按设计或做电缆头的需要预留备用长度,控制在 $0.5\sim1.0$ m 的范围,并列敷设电缆时,其接头位置要相互错开。

(3)防火要求。特别提示:在隧道内敷设电缆后,应及时清除杂物,盖好盖板。对有可能有水、油、灰侵入的地方,应将盖板的缝隙严密封堵。

(4)清理现场,结束作业。特别注意:文明施工,做好环保。

5 检查

(1)根据实际情况填写任务完成情况检查记录表。
(2)对施工过程中出现的问题进行分析,并填写施工问题分析表。

6 总结评价

每人对施工过程进行总结,小组合作完成汇报文稿。请各组根据任务完成过程,通过讨论填写任务完成评价表。

附表 1　引导问题答案对照表

异同 / 题号	1 对 1 讨论结果	2 对 2 讨论结果	4 对 4 讨论结果	异同 / 题号	1 对 1 讨论结果	2 对 2 讨论结果	4 对 4 讨论结果
(1)				(11)			
(2)				(12)			
(3)				(13)			
(4)				(14)			
(5)				(15)			
(6)				(16)			
(7)				(17)			
(8)				(18)			
(9)				(19)			
(10)				⋮			

注:答案一致者,在结论结果中画"√";答案不一致,经双方讨论后达成一致,在结论中画"⊘";讨论后不能达成一致者,
在结论中画"×"。

1 对 1 对方姓名:

2 对 2 对方小组名称:

4 对 4 对方小组名称:

附表 2　领料单

班级:　　　　　工作组名称:　　　　　负责人:　　　　　时间:

序号	工具/材料/安全品名称	规格	数量	备注
1				
2				
3				
4				
5				
6				

归还时间:

附表 3　人员分工表

任务名称:　　　　　班级:　　　　　工作组名称:

姓　　名	任务内容

任务完成时间:

附表4　任务完成情况检查记录表

任务名称：　　　　　　　　　　　　　　工作组名称：

姓名	项目	存在问题	解决办法	任务完成情况	检查人签名

注:完成者打"√"。

任务完成时间：　　　　　　　　　　　　　　　　　　组长签名：

附表5　施工问题分析表

任务名称：　　　　　　　班级：　　　　　　　工作组名称：

出现的问题	造成的后果	解决的方案

附表6　能力评价表

任务名称：　　　　　　　班级：　　　　　　　学生姓名：

序号	能力	自评	小组其他成员评价
1	计划能力		
2	决策能力		
3	操作能力		
4	解决问题能力		
5	组织能力		
6	自我控制和管理能力		
7	学习能力		
8	总结能力		
9	创新能力		
10	合作、沟通能力		
11	责任心		
12	团队精神		
13	安全意识		
14	质量意识		
15	环保意识		
16	任务完成情况		
教师综合评价:			

注:按 A、B、C、D 四个等级评价。

参 考 文 献

[1] 张剑. 配电线路施工运行与检修实训[M]. 北京:中国电力出版社,2010.

[2] 杨德林. 配电线路岗位技能培训教材[M]. 北京:中国电力出版社,2008.

[3] 铁道部人才服务中心. 电力线路工[M]. 北京:中国铁道出版社,2009.

[4] 吴志宏,邹全平,孟垂懿. 配电线路基础[M]. 北京:中国电力出版社,2008.

[5] 杨耀灿. 配电线路及动力与照明[M].2版. 北京:中国铁道出版社,2004.

[6] 霍宇平,高志文. 配电线路实用技能培训教材[M]. 北京:中国电力出版社,2006.

[7] 丁毓山,罗毅. 配电线路[M]. 北京:中国水力水电出版社,2010.

[8] 温德智,郭起良,周敏峰. 电力内外线工程[M].2版. 北京:中国铁道出版社,2003.

[9] 张刚毅. 电力内外线工程[M]. 北京:中国铁道出版社,2008.

[10] 孙成宝,苑薇薇,黑晓红. 配电网实用新技术[M]. 北京:中国水力水电出版社,2011.

[11] 宁岐. 架空配电线路实用技术[M]. 北京:中国水力水电出版社,2009.

[12] 国家电力公司东北公司,辽宁省电力有限公司. 电力工程师手册[M]. 北京:中国电力出版社,2002.

[13] 戴泌. 配电线路施工[M]. 北京:中国电力出版社,2010.

[14] 李宗廷,王佩龙,等. 电力电缆施工手册[M]. 北京:中国电力出版社,2002.

[15] 夏新民. 电力电缆选型与敷设[M]. 北京:化学工业出版社,2008.

[16] 阎士琦,阎石.10 kV 及以下电力电缆线路施工图集[M]. 北京:中国电力出版社,2003.

[17] 王润卿,吕庆荣. 电力电缆的安装、运行与故障测寻[M]. 修订版. 北京:化学工业出版社,2001.

[18] 崔吉峰. 架空输电线路作业危险点、危险因素及预控措施手册[M]. 北京:中国电力出版社,2007.